普通高等教育土木类专业"十四五"系列教材

U0176066

土力学

Tulixue

●主　编　魏晓刚　姚贝贝
●副主编　郝晓燕　张明飞

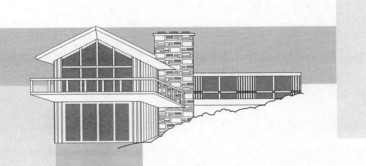

郑州大学出版社

图书在版编目(CIP)数据

土力学 / 魏晓刚, 姚贝贝主编. —郑州:郑州大学
出版社,2023.8

ISBN 978-7-5645-9648-4

Ⅰ.①土… Ⅱ.①魏… ②姚… Ⅲ.①土力学-
高等学校-教材 Ⅳ.①TU43

中国国家版本馆 CIP 数据核字(2023)第 055863 号

土力学

TULI XUE

选题策划	祁小冬		封面设计	苏永生
责任编辑	刘永静		版式设计	苏永生
责任校对	王红燕		责任监制	李瑞卿

出版发行	郑州大学出版社		地　址	郑州市大学路 40 号(450052)
出 版 人	孙保营		网　址	http://www.zzup.cn
经　销	全国新华书店		发行电话	0371-66966070
印　制	郑州市今日文教印制有限公司			
开　本	787 mm×1 092 mm　1/16			
印　张	12.5		字　数	286 千字
版　次	2023 年 8 月第 1 版		印　次	2023 年 8 月第 1 次印刷

书　号	ISBN 978-7-5645-9648-4		定　价	39.00 元

编写指导委员会

The compilation directive committee

名誉主任　王光远

主　　任　高丹盈

委　　员　（以姓氏笔画为序）

丁永刚　　王　林　　王新武　　边亚东

任玲玲　　刘立新　　刘希亮　　闫春岭

关　罡　　杜书廷　　李文霞　　李海涛

杨建中　　肖建清　　宋新生　　张春丽

张新中　　陈孝珍　　陈秀云　　岳建伟

赵　磊　　赵顺波　　段敬民　　郭院成

姬程飞　　黄　强　　薛　茹

秘　　书　崔青峰　　祁小冬

本书作者
Authers

主　编　魏晓刚　姚贝贝

副主编　郝晓燕　张明飞

参　编　曹周阳　贾　燕

　　　　顾展飞　张小平

前 言
Foreword

....

  土力学是土木工程专业的一门主要专业课程,主要介绍土力学的基本原理和概念,以现行规范为主要依据,注重理论和概念的准确性和完整性,注重实用内容的充实性和新颖性。本书具有体系完整、结构严谨、内容精练、重点突出、通俗易懂、紧密结合工程实践的特点。本书突出现代教育特色(厚基础、宽专业、强能力),内容新(新规范、新理论、新方法),结构合理(层次分明、逻辑性强)。

  本书有以下优势和特色:

  (1)以现行规范为主要依据。规范在不断更新,比如《土工试验方法标准》(GB/T 50123—2019)、《岩土工程勘察安全标准》(GB/T 50585—2019)、《建筑基坑工程监测技术标准》(GB 50497—2019)、《高层建筑岩土工程勘察标准》(JGJ/T 72—2017)等均进行了更新,教材也需要及时更新。目前国内高校选用的教材多早于2017年,本教材以现行规范为主要依据。

  (2)随着课程思政建设在高校的全面推进,围绕政治认同、家国情怀、文化素养、法治意识、道德修养等,引入思政元素。

  (3)随着数字化资源建设的深入,通过二维码学习课程知识的方式被越来越多的人接受,本书顺应数字化教学资源建设要求,以引入二维码的方式扩展学生的视野,提高学生学习的积极性和主动性。

  (4)在我国实行岩土工程体制和注册土木工程师(岩土)制度的背景下,本书增加了"岩土工程"一章,具有很强的指导意义和前瞻性价值,有利于拓宽学生的知识面和激发其学习积极性,培养学生职业发展规划的能力。

  (5)根据课程要求,书中除第1章和第8章外,每章前均有"学习目的和要求""学习内容""重点与难点",每章后附有"本章小结""思考题"与"习题",既突出重点,又便于教师教学和学生自学。

  本书由郑州航空工业管理学院与中冶三局山西冶金岩土工程勘察有限公司共同编写完成,为郑州航空工业管理学院校级规划教材,编写人员均具有扎实的理论基础、丰富的工程实践经验或教学经验。本书由郑州航空工业管理学院魏晓刚、姚贝贝担任主编,郝晓燕、张明飞担任副主编,曹周阳、贾燕、顾展飞及中冶三局山西冶金岩土工程勘察有限公司总工程师张小平参编,最后由姚贝贝老师负责统稿、修改定稿。具体编写分工如下:第 1 章、第 8 章及附录由魏晓刚、张小平编写,第 2 章由姚贝贝编写,第 3 章由郝晓燕编写,第 4 章由顾展飞编写,第 5 章由贾燕编写,第 6 章由曹周阳编写,第 7 章由张明飞编写。

本书在编写过程中,参考了大量有关土力学方面的书籍,在此谨向其作者表示衷心的感谢!

由于编者水平有限,书中难免有疏漏和不妥之处,恳请读者批评指正。

编　者

2023 年 1 月

第1章 绪 论

1.1 土力学、地基与基础等基本概念

土是岩石风化的产物,它是由地球表面的岩石经风化、搬运、沉积而形成的各种矿物颗粒的堆积体。颗粒包括互不联结、完全松散的无黏性土和颗粒间虽有联结但联结强度远小于颗粒本身强度的黏性土。由于土的形成年代、生成环境及成分的不同,所以土具有很强的区域性特征。此外,土还体现出多孔隙性和散粒性等特征。因此,在工程建设前必须充分了解场地的工程地质情况,对土体做出正确评价。

土力学是利用力学基本原理和土工测试技术,研究土的应力、应变、强度、稳定性和渗透性等特性及其随时间变化的规律的学科。土力学是力学的一个分支,但由于土的复杂地质成因和工程特性,尚不能像其他力学学科一样具备系统的理论和严密的数学公式,必须借助于工程经验、原位测试、室内试验,辅以理论计算。因此,土力学是一门强烈依赖于实践的学科。

建筑物一般建造在土层上,土层受到建筑物荷载作用后,其内部原有的应力状态会发生改变,工程上把直接承受建筑物荷载作用且应力-应变不能忽略的那部分土层称为地基,如图1-1所示。天然土层可以作为建筑物地基的称为天然地基,需人工加固处理后才能作为建筑物地基的称为人工地基。当地基由两层以上土层组成时,通常将直接与基础接触的土层称为持力层,其下土层称为下卧层。

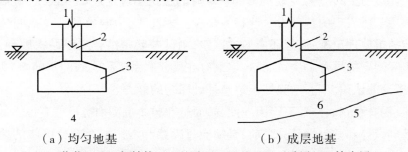

（a）均匀地基　　　　　　　　　（b）成层地基

1—荷载;2—上部结构;3—基础;4—地基;5—下卧层;6—持力层

图1-1 上部结构、基础与地基

1

建筑物下部通常要埋入地下一定深度，一般将±0.000 m以下向地基传递荷载的下部结构称为基础。基础将上部结构的荷载传递到较好土层上。基础的型式很多，通常把相对埋深（基础埋深与基础宽度之比）不大，采用一般方法与设备施工的基础称为浅基础，如独立基础、条形基础、片筏基础、箱形基础、壳体基础等；把基础埋深超过某一值，且需借助特殊的施工方法才能将建筑物荷载传递到地表以下较深土（岩）层的基础称为深基础，如桩基础、墩基础、沉井基础及地下连续墙等。

地基基础设计需满足两个条件：①强度条件，即要求作用于地基上的荷载不超过地基承载能力，以保证地基在防止整体失稳方面有足够的安全储备；②变形条件，即控制基础沉降使之不超过容许值。为了研究地基的变形和强度，必须掌握土的物理力学性质，因此，土力学是地基基础工程的理论基础。

同时，地基基础设计还需要考虑上部结构、地基、基础之间的相互作用，考虑静力平衡和变形协调。但因为研究水平与实用设计仍有一定差距，所以现阶段设计方法仍是将上部结构、地基、基础三部分分开，按照静力平衡条件计算。此外，同一建筑物满足设计要求的地基基础方案往往不止一个，故需经过技术、经济方面的比较，从而选择安全可靠、经济合理、技术先进、施工方便的方案。

1.2　课程的特点、内容和要求

本门课程涉及工程地质学、建筑施工等课程领域，因此内容广泛、综合性强，学习时应突出重点，兼顾全面。学习本门课程，首先应重视工程地质的基本知识，培养阅读和使用工程地质勘察报告的能力；其次必须牢固掌握土的应力、应变、强度和地基计算等土力学基本原理，进而能够应用这些基本概念和原理，结合其他课程的理论知识，分析和解决土力学、地基基础方面的问题。

土是岩石风化的产物或经各种地质作用搬运、沉积而成。土粒之间的孔隙为水和气体所填充，所以，土是一种由固态、液态和气态物质组成的三相体系。与各种连续体（弹性体、塑性体、流体等）相比，天然土体具有一系列复杂的物理力学性质，而且容易受环境条件（温度、湿度、地下水等）变动的影响。现有的土力学理论还难以模拟、概括天然土层在建筑物作用下所表现的各种力学性状的全貌。因此，土力学虽是指导我们从事地基基础工程实践的重要理论基础，但还应通过试验、测试并紧密结合实践经验进行合理分析，才能求得实际问题的妥善解决。而且，也只有在反复联系工程实践的基础上，才能逐步丰富、提高对理论的认识，不断增强处理地基基础问题的能力。

天然地层的性质和分布，不但因地而异，而且在较小范围内也可能有很大的变化。在进行地基基础设计和土力学计算之前，必须通过勘察和测试取得充分可靠的关于土层分布以及土的物理力学性质指标的资料。其中，土工试验还是土力学发展的重要条件，莫尔-库仑定律和达西定律都是在试验的基础上建立的土力学基本理论，其推动了土力学的

普通高等教育土木类专业"十四五"系列教材

发展。因此,了解地基勘察和原位测试技术以及室内土工实验方法也是本课程的一个重要方面。实际上,这还是科学地认识土的工程特性的入门台阶和掌握地基基础科学试验基本手段的必由之路。

我国地域辽阔,各地的自然地理环境不尽相同,分布着多种多样的土类。某些土类(湿陷性黄土、软土、膨胀土、红黏土和多年冻土等)还具有不同于一般土类的特殊性质。作为地基,必须针对其特性采取恰当的工程措施。此外,新中国成立以来,由于大量建设工程进入山区,还出现了许多山区常见的地基问题。因此,地基基础问题的产生和解决带有明显的区域性特征。这种带有区域性特征的土类称为区域性土。区域性土中的特殊土的工程问题,历来是岩土工程的一个重要研究领域,也各有相应的技术标准来评价和处理特殊土的工程问题,已经是十分成熟的技术了。从问题内涵的性质以及与人类工程活动的关系来看,这类工程问题显然并不属于地质灾害评估的范畴,而是区域性地基或特殊土地基的建设问题。比如软土是一种特殊土,软土地区的施工会造成对土体的扰动,如打桩对相邻工程的影响、基坑开挖对环境的影响、工程降水对环境的影响等,这些工程活动都会引起土体的沉降和位移,给工程结构带来危害,但这是人类工程活动对环境的影响,并不是地质灾害,应区别对待。

1.3　本课程的重要性

地基与基础是工程的重要组成部分,勘察、设计、施工直接影响工程的安全与成败,一旦发生质量问题,很难补救。许多工程事故都与地基基础有关,例如举世闻名的意大利比萨斜塔,我国的虎丘塔,都发生了严重的塔身倾斜,原因都是地基不均匀沉降。

加拿大特朗斯康谷仓是地基发生强度破坏,引起整体失稳破坏的典型,如图1-2所示。该建筑物由 65 个圆柱形筒仓组成,其下为筏板基础。由于事前不了解基础下埋藏了很厚的(16 m)软黏土层,建成后初次贮存谷物,使基底平均压力超过了地基的极限承载力,结果谷仓突然西侧下陷,东侧抬高,仓身倾斜。事后虽经技术处理仍能使用,但其高度却比原来降低了。

图 1-2　加拿大特朗斯康谷仓的地基事故

地基与基础位于地下或水下,施工难度大,造价、工期和劳动消耗量在工程中所占比重也较大。

土地资源有限,随着建筑业的发展,充分利用各种不良地基、少占或不占耕地、最大限度地提高土地利用率,已使土力学在社会发展中占有越来越重要的地位,并对其提出越来越高的要求。

3

1.4 土力学发展概况

土是人类最早接触的物质,也是人类最早使用的建筑材料之一。土力学地基基础既是一项古老的工程技术,又是一门年轻的应用科学。土力学来源于实践,古代劳动人民在修建的无数建筑物中出色地体现了土力学地基基础方面的高超水平。

在隋朝时期修建的赵州桥,不仅因其建筑和结构设计的成就而著称于世,就其地基基础的处理也是颇为合理的。桥台砌置于密实粗砂层上,1400多年来沉降仅几厘米。现在验算的其基底压力约500~600 kPa,这与以现代土力学理论方法给出的承载力值很接近。

20世纪70年代于钱塘江南岸发现的河姆渡文化遗址,发现了7000年前打入沼泽地带木构建筑下土中排列成行的、以石器砍削成形的木质圆桩、方桩和板桩。这个新石器时代人类远祖在桩基方面的创造性劳动是世所罕见的。

秦代在修筑驰道时,就已采用了"隐以金椎"(《汉书》)的路基压实方法;至今还采用的灰土垫层、石灰桩、瓦渣垫层、砂垫层等,都是我国古时已有的传统地基处理方法。

由此可见,古人在实践中早已试图解决建筑物地基方面的问题了。封建时代劳动人民的无数基础工程实践经验,集中体现在能工巧匠的高超技艺上,但是,由于当时生产力发展水平的限制,还未能提炼成为系统的科学理论。

本学科的理论基础,始于18世纪兴起工业革命的欧洲。随着资本主义工业化的发展,工场手工业转变为近代大工业,建筑的规模扩大了,为了满足向国外市场扩张的需要,陆上交通进入了所谓的"铁路时代"。因此,最初有关土力学的个别理论多与解决铁路路基问题有关。1773年,法国的C. A.库仑(Coulomb)根据试验创立了著名的砂土抗剪强度公式,提出了计算挡土墙压力的滑楔理论。90余年后,英国的W. J. M.朗肯(Rankine,1869)又从另一途径提出了挡土墙压力理论,这对后来土体强度理论的发展起了很大的作用。此外,法国的J.布辛奈斯克(Boussinesq,1885)求得了弹性半空间体在竖向集中力作用下的应力和变形的理论解答;瑞典的W.费兰纽斯(Fellenius,1922)为解决铁路塌方问题提出了土坡稳定分析法。这些古典的理论和方法,直到今天,仍不失其理论和实用的价值。

在长达一个多世纪的发展过程中,许多研究者继承前人的研究,总结了实践经验,为孕育本学科而做出了贡献。1925年,K.太沙基(Terzaghi)归纳了以往的成就,出版了《土力学》(*Erdbaumechanik*)一书,1929年又与其他作者一起发表了《工程地质学》(*Ingenieurgeologie*)。这些比较系统完整的科学著作的出现,带动了各国学者对土力学学科各个方面的探索。从此,土力学与地基基础就作为单独的学科而不断取得进展。

时至今日,土建、水利、桥隧、道路、海口、海洋等有关工程中,以岩土体的利用、改造与整治问题为研究对象的科技领域,因其区别于结构工程的特殊性和各专业岩土问题的共

普通高等教育土木类专业"十四五"系列教材

同性,已融合为一个自成体系的新专业——岩土工程(geotechnical engineering)。我国的土力学与地基基础科学技术,作为岩土工程的一个重要组成部分,人们对它的研究已经也必将继续遵循现代岩土工程的工作方法和研究方法,从而取得更多、更高的成就,为我国的现代化建设做出更大的贡献。

【拓展阅读】

我国第一个把土力学引入中国,被称为岩土工程界"一代宗师"的是黄文熙院士,其详细简介见二维码。目前,我国隧道及地下工程建设中,土力学的理论及应用贯穿始终,其中隧道及地下工程理论大师——孙钧院士,对我国城市地下空间资源的开发和利用做出了很大的贡献。孙院士的详细简介见二维码。

黄文熙院士　　孙钧院士

1.5 土力学史上的大师

从 K. 太沙基于 1925 年出版《土力学》一书至今,土力学学科已诞生近百年,我们特别整理了 10 位对岩土学科的发展做出卓越贡献的前辈大师的资料,简要介绍诸位大师的生平和学术风采,以飨读者。

1.5.1 Charles Augustin de Coulomb(库仑)

库仑(图 1-3)1736 年 6 月 14 日生于法国昂古莱姆(Angoulême),1806 年 8 月 23 日卒于法国巴黎。

库仑对土木工程(结构、水力学、岩土工程)以及自然科学(包括力学、电学和磁学)等都有重要的贡献,如物理学中著名的库仑定律就是他提出的。他于 1774 年当选为法国科学院院士。

在巴黎期间,库仑为许多建筑的设计和施工提供了帮助,而工程中遇到的问题也促使了他对土的研究。1773 年,库仑向法兰西科学院提交了论文《最大最小原理在某些与建筑有关的静力学问题中的应用》,文中研究了土的抗剪强度,并提出了土的抗剪强度准则(即库仑定律),还对挡土结构上的土压力的确定进行了系统研究,首次提出了主动土压力和被动土压力的概念及其计算方法(即库仑土压理论)。该文在 3 年后的 1776 年由法国科学院刊出,被认为是古典土力学的基础,他因此也被称为"土力学之始祖"。

图 1-3 Charles Augustin de
Coulomb(库仑)

5

1.5.2　Karl von Terzaghi(K. 太沙基)

K. 太沙基(图 1-4)于 1883 年 10 月 2 日出生于捷克的首都布拉格,1904 年毕业于奥地利的格拉茨(Graz)技术大学,之后成为土木工程领域的一名地质工程师。

1916—1925 年,他在土耳其的伊斯坦布尔技术大学和博加齐奇(Bogazici)大学任教,并从事土的特性方面的课题研究,这也最终促使了他的举世闻名的《土力学》(*Erdbaumechanik*)于 1925 年在维也纳问世,该书介绍了他所提出的固结理论以及土压力、承载力、稳定性分析等理论,标志着土力学这门学科的诞生。

图 1-4　Karl von Terzaghi
(K. 太沙基)

1925 年,他被派往麻省理工学院担任访问教授,四年后回到维也纳技术大学任教授。1938 年德国占领奥地利后,K. 太沙基前往美国,并在哈佛大学任教,直到 1956 年退休。1943 年,他出版了《土力学理论》(*Theoretical Soil Mechanics*),在这部著作中,K. 太沙基就固结理论、沉降计算、承载力、土压理论、抗剪强度及边坡稳定等问题进行了阐述,为便于工程技术人员使用,书中使用了大量的图表。1963 年 10 月 25 日,K. 太沙基在马萨诸塞州的温彻斯特逝世。

K. 太沙基被誉为土力学之父。他的开创性工作于 1936 年在哈佛大学召开的首届国际土力学大会上为大家普遍了解后,土力学开始广泛出现在世界各地土木工程的实践中及各大学的课程中。K. 太沙基是一个理论家,更是一个享誉国际土木工程界的咨询工程师,他是许多重大工程的顾问,这其中包括英国的 Mission 大坝,1965 年,为表示对 K. 太沙基的敬意,该坝被命名为 Terzaghi 大坝。毫无疑问,K. 太沙基对土力学理论的贡献是巨大的,但人们评价说,也许他更大的贡献是向人们展示了用理论解决工程问题的方法。

K. 太沙基是第一届到第三届(1936—1957 年)ISSMFE(国际土力学与基础工程学会)的主席,曾 4 年(1930 年、1943 年、1946 年、1955 年)荣获 ASCE(美国土木工程师协会)的 Norman 奖,并被 8 个国家的 9 个大学授予荣誉博士学位。为表彰 K. 太沙基的杰出成就,美国土木工程师协会还设立了 Terzaghi 奖。

1.5.3　Henry Philibert Gaspxard Darcy(达西)

达西(图 1-5)于 1803 年 6 月 10 日出生于法国第戎(Dijon)。达西少年时期正值国内政局动荡,因此其学业也不很稳定。1821 年,18 岁的达西进入巴黎工艺学校(Polytechnic School)学习,两年后进巴黎路桥学校(School of Bridges and Roads)学习。该校属法国

帝国路桥工兵团,法国许多世界级的科学家如皮托
(Pitot)、圣文南(Saint-Venant)、科里奥利(Coriolis)、
纳维叶(Navier)等都出自该校,其中一些还在该校
任教。

　　达西的一项杰出成就是第戎镇供水系统的建
造。19 世纪上半叶,大多数城市都没有供水和排水
系统,供水依靠马车从城市附近的河流、井、泉运送。
1839—1840 年,达西设计和主持建造了第戎镇的供
水系统,它甚至比巴黎的供水系统还早了 20 年。为
了感谢达西对家乡的贡献,人们将该镇的中心广场
以他的名字命名。达西拒绝了镇上欲付给他的高额
报酬,他最终得到的好处是他本人及亲属可免费
用水。

　　1856 年,达西在经过大量的试验后,于第戎发
表了他对孔隙介质中水流的研究成果,即著名的达西定律。

图 1-5　Henry Philibert Gaspxard Darcy
(达西)

1.5.4　William John Maquorn Rankine(朗肯)

　　朗肯(图 1-6)于 1820 年 7 月 2 日出生于苏格兰的
爱丁堡,1872 年 12 月 24 日逝世于苏格兰的格拉斯哥
(Glasgow)。

　　朗肯被后人誉为那个时代的天才,他在热力学、流
体力学及土力学等领域均有杰出的贡献。他建立的土
压力理论,至今仍在广泛应用。

　　朗肯的初等教育基本是在父亲及家庭教师的指导
下完成的。进入爱丁堡大学学习 2 年后,他离校去做
一名土木工程师。1840 年后,他转而研究数学物理,
1848—1855 年,他用大量精力研究理论物理、热力学和
应用力学。1855 年后,朗肯在格拉斯哥大学担任土木
工程和力学系主任。1853 年当选为英国皇家学会会
员。他一生论著颇丰,共发表学术论文 154 篇,并编写了大量的教科书及手册,其中一些
直到 20 世纪还在作为标准教科书使用。

图 1-6　William John Maquorn
Rankine(朗肯)

1.5.5　Christian Otto Mohr(摩尔)

　　摩尔(图 1-7)于 1835 年出生于德国北海岸的韦瑟尔布伦(Wesselburen),16 岁入汉
诺威(Hannover)技术学院学习。毕业后,在汉诺威和奥尔登堡(Oldenburg)工作。作为结

构工程师,他曾设计了不少一流的钢桁架结构和德国一些著名的桥梁。他是 19 世纪欧洲最杰出的土木工程师之一。与此同时,摩尔也一直在进行力学和材料强度方面的理论研究工作。

1868 年,32 岁的摩尔应邀前往斯图加特技术学院担任工程力学系的教授。他的课讲得简明、清晰,深受学生欢迎。作为一个理论家和富有实践经验的土木工程师,他对自己所讲的主题了如指掌,因此总能带给学生很多新鲜和有趣的东西。1873 年,摩尔到德累斯顿(Dresden)技术学院任教,直到 1900 年他 65 岁。退休后,摩尔留在德累斯顿继续从事科学研究工作,直至 1918 年去世。

图 1-7 Christian Otto Mohr(摩尔)

摩尔出版过一本教科书并发表了大量的结构及强度材料理论方面的研究论文,其中相当一部分是关于用图解法求解一些特定问题的。他提出了用应力圆表示一点应力的方法(所以应力圆也被称为摩尔圆),并将其扩展到三维问题。应用应力圆,他提出了第一强度理论。摩尔对结构理论也有重要的贡献,如计算梁挠度的图乘法、应用虚位移原理计算超静定结构的位移等。

1.5.6 Valentin Joseph Boussinesq(布辛奈斯克)

布辛奈斯克(图 1-8)是法国著名的物理学家和数学家。他于 1867 年获得博士学位后,先在多所学校担任数学教师,之后担任里尔理学院(Faculty of Sciences of Lille)的微积分学教授(1872—1886)、巴黎大学(Sorbonne)数学和物理教授(1886 年),1886 年当选为法国科学院院士。

布辛奈斯克一生对数学物理中的所有分支(除电磁学外)都有重要的贡献。在流体力学方面,他主要研究涡流、波动、固体物对液体流动的阻力、粉状介质的力学机制、流动液体的冷却作用等方面。他在紊流方面的成就深得著名科学家圣维南(Saint Venant)的赞赏,而在弹性理论方面的研究成就受到了拉甫(Love)的称赞。对数学,尽管他的初衷是用其解决实际问题,但仍旧做出了突出的贡献。

图 1-8 Valentin Joseph Boussinesq
(布辛奈斯克)

普通高等教育土木类专业"十四五"系列教材

1.5.7　Donald Wood Taylor(泰勒)

泰勒(图 1-9)于 1900 年出生于美国马萨诸塞州的伍斯特(Worcester),1955 年逝于马萨诸塞州的阿灵顿(Arlington)。

泰勒于 1922 年毕业于伍斯特技术学院,在美国海岸与大地测量部和新英格兰电力协会工作了 9 年,之后到麻省理工学院土木工程系任教,直到去世。

泰勒积极参加波士顿(Boston)土木工程协会及美国土木工程师协会的工作,曾任波士顿土木工程师协会的主席。1948—1953 年,他一直担任国际土力学与基础工程学会的秘书。

泰勒在黏性土的固结问题、抗剪强度和砂土剪胀及土坡稳定等领域均有不少建树。其论文《土坡的稳定》获得波士顿土木工程师协会的最高奖励——

图 1-9　Donald Wood Taylor(泰勒)

Desmond Fitzgerald 奖。他编写的教科书《土力学基本原理》多年来一直得到广泛应用,是一部经典的土力学教科书。

1.5.8　Arthur Casagrande(卡萨格兰德)

卡萨格兰德于 1902 年 8 月 28 日出生于奥地利,1926 年到美国定居,先在公共道路局工作,之后作为 K. 太沙基最重要的助手在麻省理工学院从事土力学的基础研究工作。1932 年,卡萨格兰德到哈佛大学从事土力学的研究工作,在此后的 40 多年中,他发表了大量的研究成果,并培养了包括简布(Janbu)、Soydemir 等著名人物在内的土力学人才。他是第五届(1961—1965 年)国际土力学与基础工程学会的主席,是美国土木工程师协会 Terzaghi 奖的首位获奖者。

卡萨格兰德对土力学有很大的贡献和影响,如在土的分类、土坡的渗流、抗剪强度、砂土液化等方面的研究成果,黏性土分类的塑性图中的"A 线"即是以其命名的。

1.5.9　Ralph Brazelton Peck(派克)

派克(图 1-10)1912 年 6 月 23 日出生于加拿大曼尼托巴(Manitoba)的温尼伯(Winnipeg),6 岁时移居美国。1934 年毕业于伦斯勒(Rensselaer)工学院土木工程专业,1937 年 6 月获土木工程博士学位。派克起初的志向是结构工程,后转而研究岩土工程。他早期曾与 K. 太沙基有过几次合作,并受到 K. 太沙基的影响,还共同出版了专著《工程实用土力学》(*Soil Mechanics in Engineering Practice*)(1948 年)。

派克一生发表了共计 200 篇(本)论文(著作),为土力学及基础工程的发展做出了重要的贡献。他将土力学应用在土工结构的设计、施工建造和评估中,并努力将研究成果表述为工程师容易接受的形式,他是世界上最受人尊敬的咨询顾问之一。在伊利诺伊(Illinois)大学任教 30 多年,他影响了难以数计的青年学生。

派克曾在 1969—1973 年担任国际土力学与基础工程学会主席,曾荣获美国土木工程师协会颁发的 Norman 奖章(1944 年)、Wellington 奖(1965 年)、Karl Terzaghi 奖(1969 年),并在 1975 年获得由福特总统颁发的国家科学奖章。

图 1-10　Ralph Brazelton Peck(派克)

1.5.10　Alec Westley Skempton(斯肯普顿)

斯肯普顿(图 1-11)于 1914 年出生于英格兰的北安普敦郡(Northampton),是英国伦敦大学帝国学院的著名教授,他的学士学位(1935 年)、硕士学位(1936 年)及博士学位(1949 年)也是在该校获得的。

斯肯普顿的研究主要在土力学、岩石力学、地质学和土木工程史等领域。在土力学方面,他对有效应力、黏土中的孔隙水压力、地基承载力、边坡稳定性等问题的研究做出了突出的贡献。他具有从复杂的问题中提取出重要而关键部分的杰出本领,由他所创立并领导的伦敦帝国大学土力学研究中心是国际顶尖的土力学研究中心。

斯肯普顿是第四届(1957—1961 年)国际土力学与基础工程学会主席,1961 年当选为英国皇家学会会员。

斯肯普顿于 2001 年 8 月 9 日在伦敦逝世。

图 1-11　Alec Westley Skempton
(斯肯普顿)

1.6　人类与岩土

岩土是人类最早接触的物质,也是古代人类最早使用的工具与武器,旧、新石器时代就是以人类使用岩土材料的水平来划分的。"水来土掩"表明古代人类在与洪水斗争中,土是他们最方便和有效的武器。人类与岩土之间的密切关系还表现在古文明中上帝(神)用泥土造人的传说。从狩猎到农耕,从农业到航海,人类逐步向具有广袤深厚土层

普通高等教育土木类专业"十四五"系列教材

的名川大河中下游集聚繁衍。在土层上耕耘营造,生生不息,建造了宏伟的楼堂殿宇,大坝长堤,千里运河,万里长城,创造了一个个璀璨夺目的古代与现代文明。与人类有如此密切关系的岩土材料,必将成为人类哲学的载体,人类与万物"生发于土,归藏于土",土也就成为哲学的物质基础。

岩土是自然地质历史的产物,充满了独特性和变异性。它们每一个个体都经历了漫长的风化、搬运、沉积和地壳变动的历史,因而形成其独特的结构和性质。它们极少重复,严格地讲,世界上没有完全相同的岩体与原状土体,正如世界上没有两个完全相同的个人一样。岩与土都是不连续的介质,它们或者充满了裂隙与节理,或者根本就是碎散的颗粒集合。矿物成分、裂隙分布,颗粒的大小、形状与级配,状态与结构,使岩土的形态千差万别。岩土又是由多相组成的,其裂隙或孔隙中充填着液相和气相,三相间不同的比例关系及其相互作用,使岩土形成了极其复杂与丰富多彩的物理力学性质。岩土的变异性、不连续性和多相性易造成岩土中的强度、变形和渗透三大工程问题,引发相应的地质灾害和工程事故。

上述情况使岩土材料表现出极大的不可确知性,使岩土工程充满了风险与挑战。古人在能够果腹后就开始思考,于是就有了哲学,而与人关系密切、性质神秘的岩土必将成为人们思考的对象。在岩土工程实践中树立正确的思维方式,对准确地认识、学习岩土工程,有效地认识、处理岩土工程问题有重要意义。

我们应当顺应自然,而不是企图改造和战胜自然;向自然索取不是对自然掠夺,应适度开发,为子孙留下一片绿荫。在岩土工程中,应当树立与大自然和谐共处的观念,树立保护环境、生态和资源的意识。

思考题

1-1　土力学的研究内容是什么?什么是地基?什么是基础?

1-2　什么是天然地基?什么是人工地基?

1-3　什么是持力层?什么是下卧层?

第 2 章　土的物理性质与工程分类

【学习目的和要求】

　　掌握土的物理性质指标的定义、测定、换算和应用；熟悉地基土的工程分类方法；了解粒径级配对无黏性土性质的影响；一般了解黏土矿物、水和离子的相互作用。

【学习内容】

　　1. 土的三相组成。

　　2. 土的颗粒特征。

　　3. 土的三相比例指标。

　　4. 黏性土的界限含水率。

　　5. 无黏性土的密实度。

　　6. 土的工程分类。

【重点与难点】

　　重点：土的三项指标、土的物理特征和地基土的工程分类。

　　难点：三项比例指标的换算，土的工程分类。

2.1　土的三相组成及土的结构

　　地壳表层的岩石长期受自然界的风化作用，大块岩体不断破碎及发生成分变化，再经搬运、沉积而成为大小、形状和成分都不相同的松散颗粒集合体——土。因而，土是由固体颗粒、水和空气所组成的三相体系。固体颗粒（固相）构成了土的骨架，水和空气为粒间孔隙的充填物。当土中孔隙全部为水所充满时，称为饱和土；当孔隙全部为空气所充满时，称为干土；土中孔隙同时有水和空气存在时，称为非饱和土。各相属性及三相关系对土的工程性质有重要的影响。

普通高等教育土木类专业"十四五"系列教材

2.1.1　土的固体颗粒

固体颗粒构成土的骨架,其大小和形状、矿物成分及其组成情况是决定土物理力学性质的重要因素。

2.1.1.1　土的矿物成分

土的矿物成分取决于成土母岩的成分和风化作用的类型。土中矿物颗粒的成分根据形成条件可分为原生矿物和次生矿物,其矿物具体成分及特征见表2-1。

表 2-1　土中矿物颗粒的成分及特征

名称	成因	矿物成分	特征
原生矿物	岩浆在冷凝过程中形成	石英、长石、云母、角闪石、辉石等	是母岩物理风化的产物,矿物成分与母岩相同,如漂石、卵石、圆砾等颗粒较粗,性质稳定,吸水能力很弱,无塑性
次生矿物	原生矿物进一步因氧化、水化、水解及溶解等化学风化作用后形成	高岭石、绿泥石、方解石、石膏等	颗粒极细,种类很多,以晶体矿物为主。如黏土矿物的基本构成单元为硅氧晶片和铝氢氧晶片。黏土矿物具有颗粒小、呈片状、比表面积大、吸水能力强、具塑性、性质活泼等特点

2.1.1.2　土的颗粒级配

1. 粒组划分

天然土由无数大小不一、形状各异且变化悬殊的土粒组成。各种不同粒径的土粒在土中的比例不同,直接影响土的性质。工程上将各种不同的土粒按其粒径范围划分为若干组,这种组别称为粒组,划分粒组的分界粒径称为界限粒径。表2-2表示国内常用的土粒粒组界限划分标准及各粒组的主要特征。表中根据界限粒径200 mm、20 mm、2 mm、0.075 mm、0.005 mm把土粒划分为六大粒组:漂石(块石)、卵石(碎石)、砾粒、砂粒、粉粒、黏粒。

表 2-2　土粒粒组的划分

粒组统称	粒组名称		粒径范围/mm	一般特征
巨粒土	漂石(或块石)颗粒 卵石(或碎石)颗粒		>200 200~20	透水性很大,无黏性,无毛细水
粗粒土	圆砾或角砾颗粒	粗 中 细	20~10 10~5 5~2	透水性大,无黏性,毛细水上升高度不超过粒径大小
	砂粒	粗 中 细	2~0.5 0.5~0.25 0.25~0.075	易透水,当混入云母等杂质时透水性减小,而压缩性增加;无黏粒,遇水不膨胀,干燥时松散;毛细水上升高度不大,随粒径变小而增大

粒组统称	粒组名称	粒径范围/mm	一般特征
细粒土	粉粒	0.075~0.005	透水性小,湿时稍有黏性,遇水膨胀小,干时稍有收缩;毛细水上升高度较大较快,极易出现冻胀现象
	黏粒	≤0.005	透水性很小,湿时有黏性,可塑性,遇水膨胀大,干时收缩显著;毛细水上升高度较大,但速度较慢

2. 土的级配

天然土体中包含大小不同的颗粒,土粒的大小及组成情况,通常以土中各个粒组的相对含量(即各粒组占土粒总量的百分数)来表示,称为土的颗粒级配。粒组的相对含量是通过颗粒分析试验测定的,土的颗粒分析试验主要有筛分法和比重计法。

筛分法适用于粒径小于等于 60 mm,大于 0.075 mm 的粗粒土,试验时取一定量的风干、分散土样放在一套标准筛(孔径为 2.0 mm、1.0 mm、0.5 mm、0.25 mm、0.15 mm、0.075 mm)上振荡一定时间后,称出留在各筛孔上土的质量,即可算得各个粒组的相对含量。比重计法适用于粒径小于 0.075 mm 的试样质量占试样总质量的 10% 以上的土。此法根据球状的细颗粒在水中下沉速度与颗粒直径的平方成正比的原理,把颗粒按其在水中的下沉速度进行粗细分组。在实验室内具体操作时,是利用比重计测定不同时间土粒和水混合悬液的密度,据此计算出某一粒径土粒占总土粒质量的百分数。

根据颗粒分析试验结果,可以绘制出如图 2-1 所示的土的级配曲线。其横坐标表示土粒粒径,以"mm"表示。因为土体中土粒粒径相差甚大,用普通坐标难以表示,且细粒土的含量对土的性质影响很大,必须表示清楚,因此,将粒径的坐标取为对数坐标。纵坐标表示小于某粒径的土粒含量百分比。

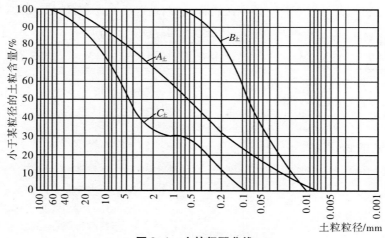

图 2-1 土的级配曲线

普通高等教育土木类专业"十四五"系列教材

土的级配曲线有两种用途:①评价土的级配好坏并借此选择土料。如曲线平缓,表示土粒大小不均匀,即级配良好;如曲线较陡,则表示颗粒粒径相差不大,粒径较均匀,即级配不良。②利用级配曲线对粗粒土进行分类。

为了定量反映土的不均匀性,工程上常用不均匀系数 C_u 来描述颗粒级配的不均匀程度:

$$C_u = \frac{d_{60}}{d_{10}} \tag{2-1}$$

式中　d_{10}、d_{60}——土中小于某粒径的土的质量占土的总质量的 10%、60% 时相应的粒径,mm。工程上,将 d_{10} 称为有效粒径,d_{60} 称为限制粒径。

C_u 值越大,表示级配曲线越平缓,土粒粒径分布范围越广,土粒越不均匀,土越易于压实;C_u 值越小,级配曲线越陡峻,土粒粒径分布范围越狭窄,土粒越均匀,土越不易压实。工程上把 C_u<5 的土视为级配不良的土,C_u>10 的土视为级配良好的土。

通常情况下,不均匀系数可以反映土的级配好坏,但无法反映土粒粒径的连续状况,如土中缺乏中间粒径,在级配曲线表现为台阶状(图 2-1 中 $C_{\pm}$ 线),这时仅用不均匀系数来反映是不够的,要同时考虑级配曲线的整体形状。所以,需参考曲率系数 C_c 的值:

$$C_c = \frac{d_{30}^2}{d_{60} \times d_{10}} \tag{2-2}$$

式中　d_{30}——土中小于某粒径的土的质量占土的总质量的 30% 时相应的粒径,mm。

一般认为,砂类土或砾类土同时满足 $C_u \geqslant 5$ 和 $C_c = 1 \sim 3$ 两个条件时,则定名为级配良好的砂或级配良好的砾、级配良好的土,较粗颗粒间的孔隙被较细的颗粒所充填,因而用作填土用料,可得到较高的密实度;不能同时满足上述条件的土,称为级配不良的土。那么在工程实际中土是级配均匀好,还是级配良好好呢?这就好比在军队中,要求战士们年龄接近,亦即级配均匀,步调一致。不同级别军官年龄应级配良好,可发挥不同年龄段军人的经验、阅历和威望。在土工设计中,作一般压实填料希望级配良好;而用于反滤料,则希望每层砂石料级配均匀。

2.1.2　土中水和土中气体

2.1.2.1　土中水

土中水即为土的液相,其含量及性质明显地影响土的性质(尤其是黏性土)。土中水可以处于液态、固态和气态。当土中温度在零度以下时,土中水冻结成冰,形成冻土,其强度增大。但冻土融化后,强度急剧降低,土中气态水对土的性质影响不大。土中水除了一部分以结晶水的形式紧紧吸附于固体颗粒的晶格内部外,还存在结合水和自由水两大类。

1. 结合水

黏土颗粒表面通常带负电荷,在土粒电场范围内,极性分子的水和水溶液中的阳离子在静电引力作用下,被牢牢吸附在土颗粒周围,形成一层不能自由移动的水膜,这种水称为结合水。在土粒形成的电场范围内,随着距离土颗粒表面的远近不同,水分子和水化离子的活动状态及表现性质也不相同。根据水分子受到静电引力作用的大小,结合水分为强结合水和弱结合水。

结合水在土中的含量主要取决于土的比表面积的大小。要理解水的相互作用关系,才能掌握土的工程性质。如:黏土矿物的颗粒细,比表面积大,能大量吸附结合水。结合水使粒间透水的孔隙大为缩小,甚至充满,导致黏性土透水性差。另外,存在的结合水使颗粒互不接触,便具有滑移的可能;同时相邻土粒间的结合水因受颗粒引力的吸附,使粒间具有一定的联结强度,所以黏性土又具有黏性和可塑性。

2. 自由水

自由水是指存在于土粒形成的电场范围以外能自由移动的水。和普通水相同,有溶解能力,能传递静水压力。按自由水移动时所受作用力的不同,自由水可分为重力水和毛细水。

(1)重力水

重力水是指在重力或压力差作用下,能在土中自由流动的水。一般指地下水位以下的透水土层中的地下水,它对土粒有浮力作用。重力水直接影响土的应力状态,因此施工中应注意建筑物的防渗要求,基坑(槽)在开挖时应采取降(排)水措施。

(2)毛细水

毛细水是指受到水与空气交界面处表面张力作用的自由水,存在于地下水位以上的透水层中。毛细水上升高度对建筑物底层的防潮有重要影响。

当土孔隙中局部存在毛细水时,土粒之间由于毛细压力互相靠近而压紧(图2-2),土因此会表现出微弱的凝聚力,称为毛细凝聚力。

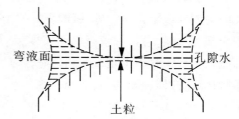

图2-2 毛细水压力示意图

这种凝聚力的存在,使潮湿砂土能开挖一定的高度,但干燥以后,就会松散坍塌。

2.1.2.2 土中气体

土中气体即为土的气相,存在于土孔隙中未被水占据的空间。在粗粒的沉积物中常见到与大气相连通的空气,在土受压时可较快逸出,它对土的力学性质影响不大。在细粒中则常存在于与大气隔绝的封闭气泡,在受到外来作用时,随着压力的增大,这种气泡可能压缩或溶解于水中;压力减小时,气泡会恢复原状或重新游离出来,使土在外力作用下的弹性变形增加,透水性降低。可见,封闭气体对土的工程性质影响较大。

2.1.2.3 土中三相间的相互作用

矛盾的普遍性或绝对性这个问题有两个方面的意义:其一是说矛盾存在于一切事物的发展过程中;其二是说每一事物的发展过程自始至终存在矛盾运动。岩土工程从微观到宏观都充满了相互对立与相互作用,正是这种相互作用,形成了岩土材料的极端复杂性和解决岩土工程问题的极端困难性。

土是由固、液和气三相组成的,三相间的对立、运动、联系与转化形成了土区别于其他一切材料的特性,也产生了土力学这一独特的学科。

首先是固体颗粒间的相互作用。在土体受力时,有效应力通过颗粒的接触点传递应力,颗粒矿物本身的弹性变形是极微小的,颗粒的位移、转动、重排列是土体变形的主体,而颗粒的破碎、接触点的破损促进了变形的发展,也就在宏观上表现为塑性应变。这就形成了土体变形的弹塑性、压密性、剪胀性、应变软化等一系列独特的变形特征,也表现为变形受应力状态、应力历史和应力路径的影响等复杂的性状。

其次土中水会破坏土的结构,造成矿物软化与风化、颗粒间产生润滑作用等,使土体产生流土、管涌等渗透变形,造成形形色色的工程问题。而非饱和土存在固、液、气三相,它们之间存在着更为复杂的相互作用,这些相互作用的条件是变形协调和应力平衡,也就引发了形形色色的土力学方面的工程课题。

2.1.3 土的结构和构造

2.1.3.1 土的结构

土的结构是指土粒的空间排列及其联结形式,与组成土的颗粒大小、颗粒形状、矿物成分和沉积条件相关。一般可归纳为单粒结构、蜂窝结构和絮状结构三种基本类型。

1. 单粒结构

较粗矿物颗粒在水或空气中在自重作用下沉落形成的单粒结构,如图 2-3(a)所示。单粒结构为砂土和碎石土的主要结构形式,其特点是土粒间存在点与点的接触。疏松的单粒结构稳定性能差,当受到振动及外力作用时,土粒易发生移动,土中孔隙减小,引起土的较大变形。密实的单粒结构则较稳定,力学性能好,是良好的天然地基。

 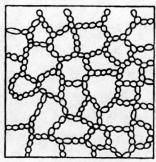 

(a) 单粒结构 　　　　(b) 蜂窝结构 　　　　(c) 絮状结构

图 2-3　土的结构

17

2.蜂窝结构

较细的颗粒在水中单独下沉时,碰到已沉积的土粒,因土粒间的分子引力大于土粒自重,则下沉的土粒因被吸引不再下沉,依次一粒粒被吸引,最终形成具有很大孔隙的蜂窝状结构,如图 2-3(b)所示。

3.絮状结构

粒径小于 0.005 mm 的黏土颗粒,在水中长期悬浮并在水中运动时,形成小链环状的土集粒而下沉。这种小链环碰到另一小链环被吸引,形成大链环状的絮状结构,如图 2-3(c)所示。此种结构在海积黏土中比较常见。

上述三种结构中,密实的单粒结构土的工程性质最好,蜂窝结构其次,絮状结构最差。后两种结构土,如因振动破坏了天然结构,则强度低,压缩性大,不可用作天然地基。

2.1.3.2 土的构造

同一土层中的物质成分和颗粒大小等相近的各部分之间的相互关系特征称为土的构造。其各类构造特征及工程性质见表 2-3。

表 2-3 土的构造特征及工程性质

名称	特征	工程性质
层理构造	土在形成过程中,由于不同阶段所形成的沉积物在矿物成分、粒度成分、颜色等方面的差异表现出成层的特性	土的主要构造特征是层理构造
裂隙构造	裂隙性,如黄土中的垂直裂隙,某些坚硬或硬塑黏土(如长江下游的下蜀黏土)中有不连续小裂隙	裂隙的存在破坏了土的整体性,增大了透水性,对工程建设往往不利
其他	构造上还有一些特征,如某些土中含有结核(礓石)和天然土洞等	使得土质不均匀,对工程建设往往不利

2.2 土的物理性质指标

土的物理性质指标是反映土的工程性质的特征指标。土由固体矿物颗粒、水、气体三部分组成。这三部分之间的比例关系和相互作用决定了土的物理性质。土的各组成部分的质量和体积之间的比例关系,用土的三项比例指标表示,能直接反映土的状态和物理力学性质,间接反映土的工程性质。土的物理性质指标中,一种是可以通过试验直接测定的,称为实测指标(试验指标);另一种是可通过实测指标进行推算的,称为换算指标,包括孔隙比、孔隙率、饱和度、饱和密度、有效密度和干密度等。

2.2.1　土的三相图

土中三相之间相互比例不同,土的工程性质也不同。现在需要定量研究三相之间的比例关系,即土的物理性质指标的物理意义和数值大小。工程实际中常用三相图来表示,把自然界中土的三相混合分布的情况分别集中起来:固相集中于下部,液相居中部,气相集中于上部,如图 2-4 所示。三相图左侧,表示三相组成的质量;三相图右侧,表示三相组成的体积。

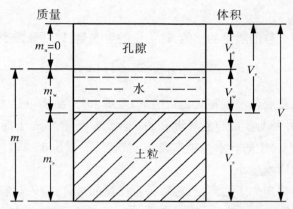

V—土的总体积;V_v—土的孔隙体积;V_s—土粒的体积;V_w—水的体积;V_a—气体的体积;

m—土的总质量;m_s—土粒的质量;m_w—水的质量;m_a—土中气体的质量(一般认为 $m_a=0$)

图 2-4　土的三相图

2.2.2　指标的定义

2.2.2.1　试验指标

土的物理性质指标中有三个基本指标可直接通过土工试验测定,亦称直接测定指标。

1. 土粒相对密度(比重)G_s

土粒比重定义为土粒质量与同体积 4 ℃时纯蒸馏水的质量的比值。

$$G_s = \frac{m_s}{V_s \rho_w} = \frac{\rho_s}{\rho_w} \tag{2-3}$$

式中　ρ_s——土粒的密度,即单位体积土粒的质量;

　　　ρ_w——4 ℃时纯蒸馏水的密度。

实际上,由于 $\rho_w = 1.0$ g/cm³,故土粒比重在数值上等于土粒的密度,但无量纲。

土粒的比重常用比重瓶法测定,土粒质量用天平测出,土粒的体积就是土粒排开水的体积。由于天然土的颗粒是由不同的矿物组成的,它们的比重一般并不相同。试验测得的是土粒比重的平均值。

土粒相对密度的变化范围较小,砂土一般在 2.65 左右,细粒土(黏性土)一般在

2.75 左右;若土中的有机质含量增加,则土的比重将减小。常见土粒比重可参考表 2-4 取值。

表 2-4　常见土粒比重

土的名称	砂土	粉土	黏性土		有机质体	泥炭
			粉质黏土	黏土		
土粒比重	2.65~2.69	2.70~2.71	2.72~2.73	2.74~2.76	2.4~2.5	1.5~1.8

2. 土的含水量 ω

土中水的质量与土粒的质量的比值,称为土的含水量,以百分数表示:

$$\omega = \frac{m_w}{m_s} \times 100\% = \frac{m - m_s}{m_s} \times 100\% \tag{2-4}$$

天然土层的含水量变化范围很大,砂土从 0% 到 40%,黏土可达 100% 以上。含水量大小与土类、埋藏条件及所处的自然环境有关。含水量 ω 是标志土的湿度的一个重要物理指标。对于同一类土,土的含水量越高说明土越湿,一般说来也就越软。土颗粒越粗,含水率对土的性质的影响越小。

土的含水量一般采用烘干法测定,称取一定质量的试样,放入烘箱内,保持恒温 105~110 ℃,直至恒重后,称取干土质量,从而求出水和干土的质量,两者的比值即为含水量。对有机质含量超过 5% 的土,应将温度控制在 65~70 ℃ 的恒温下烘至恒重。亦可近似采用酒精燃烧法快速测定。

3. 土的密度 ρ

土的密度定义为单位土体体积中土体的质量。土的密度也称为天然密度。

$$\rho = \frac{m}{V} = \frac{m_s + m_w}{V_s + V_w + V_a} \tag{2-5}$$

土的密度可用环刀法测定,将一质量和体积都已知的环刀垂直切入土中,取出后,削平土样两端,测定土样的质量,即可求出土的密度。天然状态下土的密度变化范围较大,其参考值为:一般黏性土 $\rho = 1.8~2.0$ g/cm³;砂土 $\rho = 1.6~2.0$ g/cm³。

工程中常用重度 γ 来表示单位体积土的重力,它与密度 ρ 的关系如下:

$$\gamma = \rho g \tag{2-6}$$

式中　g——重力加速度,近似取 $g = 10$ m/s²。

2.2.2.2　换算指标

测出上述三个基本试验指标后,就可根据土的三相图计算出三相组成中各自的体积含量和质量含量,并由此确定其他的物理性质指标,即换算指标。

1. 不同状态下土的密度与重度

由于土所处的环境和状态不同,表示土单位体积质量的指标除天然密度 ρ 外,还有干密度 ρ_d 与饱和密度 ρ_{sat}。

（1）干密度 ρ_d

干密度 ρ_d 为单位土体体积中土粒的质量。

$$\rho_d = \frac{m_s}{V} \tag{2-7}$$

干密度的大小能反映土体的密实程度,工程中常用干密度作为填土夯实的质量控制指标,干密度常见数值为 $1.3\sim1.8$ g/cm³。

（2）饱和密度 ρ_{sat}

饱和密度 ρ_{sat} 为土体中孔隙完全被水充满时的土的密度。

$$\rho_{sat} = \frac{m_s + V_v\rho_w}{V} \tag{2-8}$$

饱和密度常见数值为 $1.8\sim2.2$ g/cm³。

非饱和土的密度 ρ 则介于 ρ_d 与 ρ_{sat} 之间,即

$$\rho_{sat} > \rho > \rho_d$$

除上述几种密度外,工程上还常用饱和重度 γ_{sat} 和干重度 γ_d 表示相应含水状态下单位体积土的重量,其数值等于上述相应的密度乘以重力加速度 g,即:$\gamma_{sat} = \rho_{sat}g$,$\gamma_d = \rho_d g$。

对受浮力作用的土体,粒间传递的力应是土粒重力扣除浮力后的数值,故引入有效重度 γ' 表示扣除浮力后的饱和土体的单位体积的重量。γ' 又称为浮重度。

$$\gamma' = \frac{m_s g - V_s\gamma_w}{V} \tag{2-9}$$

$$\gamma' = \gamma_{sat} - \gamma_w\,(\gamma_w = 10 \text{ kN/m}^3)$$

同样条件下,上述几种重度在数值上有如下关系:

$$\gamma_{sat} > \gamma > \gamma_d > \gamma'$$

2. 土的孔隙比与孔隙率

工程上常用孔隙比 e 和孔隙率 n 表示土中孔隙的含量。

（1）孔隙比

孔隙比为土体中孔隙体积与土颗粒体积的比值:

$$e = \frac{V_v}{V_s} \tag{2-10}$$

孔隙比是反映土颗粒间紧密程度的指标之一,其数值越小,说明土粒之间联结越紧密;反之,则越疏松。一般情况下,$e < 0.60$ 的土是密实的,压缩性小;$e > 1.0$ 的土是松散的,压缩性大。

（2）孔隙率

孔隙率为土的孔隙体积与土的总体积的比值,即单位体积的土体中孔隙所占的体积,常以百分数表示。

$$n = \frac{V_v}{V} \times 100\% \tag{2-11}$$

孔隙率亦可用来表示同一种土的松密程度,其值随土形成过程中所受的压力、粒径级配和颗粒排列的状况而变化。一般粗粒土的孔隙率小,细粒土的孔隙率大。例如:砂类土的孔隙率一般是 28%~35%;黏性土的孔隙率有时可高达 60%~70%。

3. 土的饱和度

土的饱和度的定义是土体中所含水分的体积与孔隙体积之比,常以百分数表示:

$$S_r = \frac{V_w}{V_v} \times 100\% \tag{2-12}$$

饱和度 S_r 可用来描述土体中孔隙被水充满的程度。很显然,干土的饱和度 $S_r = 0$,饱和土的饱和度 $S_r = 100\%$。砂土根据饱和度可划分为三种湿润状态:

$$S_r \leqslant 50\% \qquad\qquad 稍湿$$

$$50\% < S_r \leqslant 80\% \qquad 很湿$$

$$S_r > 80\% \qquad\qquad 饱和$$

2.2.3 指标的换算

各物理性质指标都是量的相互比例关系。因此,可以通过一些指标间的相互比例关系进行计算,得到另一些指标。

图 2-5 是常用的土的三相比例指标换算图。

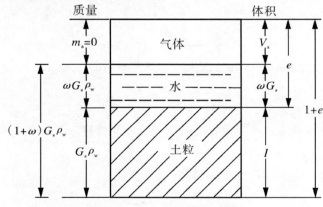

图 2-5 土的三相比例指标换算图

可按下述步骤填绘:

设 $V_s = 1$,则根据孔隙比定义得

$$V_v = V_s e = e$$

所以 $\qquad\qquad V = 1 + e$

根据相对密度定义得

$$m_s = G_s \rho_w V_s = G_s \rho_w$$

根据含水量定义得

$$m_w = \omega m_s = \omega G_s \rho_w$$

普通高等教育土木类专业"十四五"系列教材

所以
$$m = m_s + m_w = G_s \rho_w (1+\omega)$$

根据体积和质量关系得
$$V_w = \frac{m_w}{\rho_w} = \omega G_s$$

根据图 2-5,可由指标的定义得到下述计算公式:

$$\rho = \frac{m}{V} = \frac{G_s(1+\omega)}{1+e} \rho_w$$

$$e = \frac{V_v}{V_s} = \frac{V-V_s}{V_s} = \frac{G_s(1+\omega)\rho_w}{\rho} - 1$$

$$\rho_d = \frac{m_s}{V} = \frac{G_s \rho_w}{1+e} = \frac{\rho}{1+\omega}$$

$$\rho_{sat} = \frac{m_s + V_v \rho_w}{V} = \frac{(G_s+e)\rho_w}{1+e}$$

$$\gamma' = \frac{m_s - V_s \rho_w}{V} g = \frac{(G_s-1)\gamma_w}{1+e} = \gamma_{sat} - \gamma_w$$

$$n = \frac{V_v}{V} = \frac{e}{1+e}$$

$$S_r = \frac{V_w}{V_v} = \frac{\omega G_s}{e}$$

表 2-5 列出了常用的土的三相比例指标换算公式。

表 2-5　土的三相比例指标常用换算公式

名称	符号	三相比例表达式	常用换算公式	单位	常用的数值范围
土粒相对密度	G_s	$G_s = \dfrac{m_s}{V_s \rho_w}$	$G_s = \dfrac{S_r e}{\omega}$		黏性土:2.72~2.76 粉土:2.70~2.71 砂土:2.65~2.69
含水量	ω	$\omega = \dfrac{m_w}{m_s} \times 100\%$	$\omega = \dfrac{S_r e}{G_s}$ $\omega = \dfrac{\rho}{\rho_d} - 1$		
密度	ρ	$\rho = \dfrac{m}{V}$	$\rho = \dfrac{G_s(1+\omega)}{1+e} \rho_w$ $\rho = (1+\omega)\rho_d$	g/cm³	1.6~2.0
干密度	ρ_d	$\rho_d = \dfrac{m_s}{V}$	$\rho_d = \dfrac{\rho}{1+\omega}$ $\rho_d = \dfrac{G_s \rho_w}{1+e}$	g/cm³	1.3~1.8

23

名称	符号	三相比例表达式	常用换算公式	单位	常用的数值范围
饱和密度	ρ_{sat}	$\rho_{sat}=\dfrac{m_s+V_v\rho_w}{V}$	$\rho_{sat}=\dfrac{(G_s+e)\rho_w}{1+e}$	g/cm³	1.8~2.3
重度	γ	$\gamma=\rho g$	$\gamma=\dfrac{G_s(1+\omega)}{1+e}\gamma_w$	kN/m³	16~20
干重度	γ_d	$\gamma_d=\dfrac{m_s g}{V}=\rho_d g$	$\gamma_d=\dfrac{G_s\gamma_w}{1+e}$	kN/m³	13~18
饱和重度	γ_{sat}	$\gamma_{sat}=\dfrac{m_s g+V_s\gamma_w}{V}$	$\gamma_{sat}=\dfrac{(G_s+e)\gamma_w}{1+e}$	kN/m³	18~23
有效重度	γ'	$\gamma'=\dfrac{m_s g-V_s\gamma_w}{V}$	$\gamma'=\dfrac{(G_s-1)\gamma_w}{1+e}$	kN/m³	8~13
孔隙比	e	$e=\dfrac{V_v}{V_s}$	$e=\dfrac{G_s(1+\omega)\rho_w}{\rho}-1$ $e=\dfrac{G_s\rho_w}{\rho_d}-1$		黏性土和粉土: 0.40~1.20 砂土:0.30~0.90
孔隙率	n	$n=\dfrac{V_v}{V}\times100\%$	$n=\dfrac{e}{1+e}$ $n=1-\dfrac{\rho_d}{G_s\rho_w}$		黏性土和粉土: 30%~60% 砂土:25%~45%
饱和度	S_r	$S_r=\dfrac{V_w}{V_v}\times100\%$	$S_r=\dfrac{\omega G_s}{e}$ $S_r=\dfrac{\omega\rho_d}{n\rho_w}$		0~100%

【例 2-1】某原状土样由室内试验测得土的体积为 1.0×10^{-4} m³,湿土的质量为 0.186 kg,烘干后的质量为 0.147 kg,土粒的相对密度为 2.70。试求该土样的含水量 ω、密度 ρ、干密度 ρ_d、孔隙比 e、饱和重度 γ_{sat}、有效重度 γ' 及饱和度 S_r。

【解】含水量

$$\omega=\frac{m-m_s}{m_s}\times100\%=\frac{0.186-0.147}{0.147}\times100\%=26.53\%$$

密度

$$\rho=\frac{m}{V}=\frac{0.186}{1\times10^{-4}}=\frac{0.186\times10^3}{1\times10^2}=1.86\,(\mathrm{g/cm^3})$$

干密度

$$\rho_d=\frac{\rho}{1+\omega}=\frac{1.86}{1+0.2653}=1.47\,(\mathrm{g/cm^3})$$

普通高等教育土木类专业"十四五"系列教材

孔隙比　　　　$e = \dfrac{G_s(1+\omega)\rho_w}{\rho} - 1 = \dfrac{2.70\times(1+0.2653)\times 1}{1.86} - 1 = 0.84$

饱和重度　　　$\gamma_{sat} = \dfrac{(G_s + e)\gamma_w}{1+e} = \dfrac{(2.70+0.84)\times 10}{1+0.84} = 19.24\,(kN/m^3)$

有效重度　　　$\gamma' = \gamma_{sat} - \gamma_w = 19.24 - 10 = 9.24\,(kN/m^3)$

饱和度　　　　$S_r = \dfrac{\omega G_s}{e} = \dfrac{0.2653\times 2.70}{0.84} = 0.85 = 85\%$

2.3　土的物理状态指标

土的物理状态,对于无黏性土是指土的密实程度,对于黏性土则是指土的软硬程度,也称为黏性土的稠度。

2.3.1　无黏性土密实度

无黏性土主要指砂土和碎石类土。无黏性土颗粒较粗,土粒之间无黏结力,呈散粒状态,它们的性质与其密实程度有关。土的密实度通常指单位体积土中固体颗粒的含量。根据土颗粒含量的多少,天然状态下的砂、碎石等处于从紧密到松散的不同物理状态。呈密实状态时,强度较大,可作为良好的天然地基;呈松散状态时,则是不良地基。因此,无黏性土的密实度与其工程性质有着密切关系。

2.3.1.1　砂土的密实度

描述砂土密实状态的指标可采用下述几种。

1. 孔隙比 e

砂土的密实度可用天然孔隙比 e 衡量。对于同一种土,当孔隙比小于某一限度时,处于密实状态。孔隙比越大,则土越松散。砂土的这种特性是由它所具有的单粒结构所决定的。这种用孔隙含量表示密实度的方法虽然简便却有其明显的缺陷,没有考虑到颗粒级配这一重要因素对砂土密实状态的影响。另外,由于取原状砂样和测定孔隙比存在实际困难,故在实用上也存在问题。

2. 相对密度 D_r

相对密度 D_r 考虑了颗粒形状、大小和级配等影响因素。其表达式为

$$D_r = \frac{e_{max} - e}{e_{max} - e_{min}} \tag{2-13}$$

式中　e——砂土在天然状态下或某种控制状态下的孔隙比;

e_{max}——砂土在最疏松状态下的孔隙比,即最大孔隙比;

e_{min}——砂土在最密实状态下的孔隙比,即最小孔隙比。

将式(2-13)中的孔隙比用干密度替换,可得到用干密度表示的相对密度表达式:

$$D_r = \frac{(\rho_d - \rho_{dmin})\rho_{dmax}}{(\rho_{dmax} - \rho_{dmin})\rho_d} \qquad (2-14)$$

式中　　ρ_d——砂土的天然干密度;

　　　　ρ_{dmax}——砂土的最大干密度;

　　　　ρ_{dmin}——砂土的最小干密度。

当 $D_r = 0$ 时,$e = e_{max}$,说明土处于最松散状态,可用漏斗法和量筒法测定;

当 $D_r = 1$ 时,$e = e_{min}$,说明土处于最密实状态,可用振动锤击法测定。

根据 D_r 值可把土的密实度状态分为三种:

$$0 < D_r \leqslant 0.33 \qquad 松散$$

$$0.33 < D_r \leqslant 0.67 \qquad 中密$$

$$0.67 < D_r \leqslant 1 \qquad 密实$$

虽然相对密实度从理论上能反映颗粒级配、颗粒形状等因素,但由于对砂土很难采取原状土样,故天然孔隙比不易测准,目前虽已制定出一套测定最大、最小孔隙比的试验方法,但要准确测定却比较困难。因此,利用相对密实度这一指标在理论上虽然能够更合理地确定土的密实状态,但由于以上原因,通常多用于填方工程的质量控制中,对于天然土尚且难以应用。

3. 按动力触探(标准贯入试验锤击数)确定无黏性土的密实度

天然砂土的密实度,可按原位标准贯入试验的锤击数进行评定。《建筑地基基础设计规范》(GB 50007—2011)给出了判别标准,见表2-6。

表2-6　砂土的密实度

标准贯入试验锤击数 N	密实度
$N \leqslant 10$	松散
$10 < N \leqslant 15$	稍密
$15 < N \leqslant 30$	中密
$N > 30$	密实

注:标准贯入试验是用规定的锤重(63.5 kg)和落距(76 cm)把标准贯入器打入土层中,记录每贯入30 cm深度所用的锤击数 N 的一种原位测试方法。

2.3.1.2　碎石土的密实度

碎石土的密实度可以根据重型圆锥动力触探锤击数 $N_{63.5}$ 和野外鉴别方法划分。其划分见表2-7和表2-8。

表 2-7 碎石土的密实度

重型圆锥动力触探锤击数 $N_{63.5}$	密实度
$N_{63.5} \leqslant 5$	松散
$5 < N_{63.5} \leqslant 10$	稍密
$10 < N_{63.5} \leqslant 20$	中密
$N_{63.5} > 20$	密实

注:用于评定碎石土密实度的 $N_{63.5}$ 为综合修正后的平均值。本表适用于平均粒径小于或等于 50 mm 且最大粒径不超过 100 mm 的卵石、碎石、圆砾、角砾;对于平均粒径大于 50 mm 或最大粒径大于 100 mm 的碎石土,可由野外鉴别方法划分其密实度(表 2-8)。

表 2-8 碎石土密实度野外鉴别方法

密实度	骨架颗粒含量和排列	可挖性	可钻性
密实	骨架颗粒含量大于总重的 70%,呈交错排列,连续接触	锹镐挖掘困难,用撬棍方能松动,井壁一般较稳定	钻进极困难,冲击钻探时,钻杆、吊锤跳动剧烈,孔壁较稳定
中密	骨架颗粒含量等于总重的 60% ~ 70%,呈交错排列,大部分接触	锹镐可挖掘,井壁有掉块现象,从井壁取出大颗粒处,能保持颗粒凹面形状	钻进极困难,冲击钻探时,钻杆、吊锤跳动不剧烈,孔壁有坍塌现象
稍密	骨架颗粒含量等于总重的 55% ~ 60%,排列混乱,大部分不接触	锹镐可以挖掘,井壁易坍塌,从井壁取出大颗粒后,砂土立即坍落	钻进较容易,冲击钻探时,钻杆稍有跳动,孔壁易坍塌
松密	骨架颗粒含量小于总重的 55%,排列十分混乱,绝大部分不接触	锹镐易挖掘,井壁极易坍塌	钻进很容易,冲击钻探时,钻杆无跳动,孔壁极易坍塌

2.3.2 黏性土的稠度

2.3.2.1 黏性土的稠度状态

　　黏性土最主要的特征是它的稠度,稠度是指黏性土在某一含水量时的软硬程度和土体对外力引起的变形或破坏的抵抗能力。当土中含水量很低时,水被土颗粒表面的电荷吸附于颗粒表面,土中水为强结合水,土呈固态或半固态。当土中含水量增加时,吸附在颗粒周围的水膜加厚,土粒周围除强结合水外还有弱结合水。弱结合水不能自由流动,但受力时可以变形,此时土体受外力作用可以被捏成任意形状,外力取消后仍保持改变后的形状,这种状态称为塑态。当土中含水量继续增加时,土中除结合水外已有相当数量的水

处于电场引力范围外,这时,土体呈现流动状态。实质上,土的稠度反映的是土体的含水量。

　　土从一种状态转变成另一种状态的界限含水量,称为稠度界限。工程上常用的稠度界限有液限和塑限。缩限为土由固态变成半固态的界限含水率,塑限为土由半固态变成可塑状态的界限含水率,液限为土由可塑状态变成流塑状态的界限含水率,如图 2-6 所示。

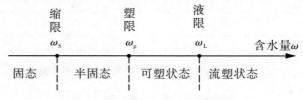

图 2-6　黏性土物理状态与含水量关系

　　液塑限的测定方法可用液塑限联合测定法[《土工试验方法标准》(GB/T 50123—2019)]。试验时取代表性试样,加入不同数量的纯水,调成三种不同稠度的试样,用电磁落锥法分别测定圆锥在自重下沉入试样 5 s 时的下沉深度。以含水量为横坐标,圆锥下沉深度为纵坐标,在双对数坐标纸上绘制关系曲线。三点连一直线(图 2-7 中的 A 线)。当三点不在一直线上时,通过高含水率的一点与其余两点连成两条直线,在圆锥下沉深度为 2 mm 处查得相应的含水率,当两个含水率的差值小于 2%时,应以该两点含水率的平均值与高含水率的点连成一线(图 2-7 中的 B 线)。当两个含水率的差值不小于 2%时,应补做试验。在含水率与圆锥下沉深度的关系图上查得下沉深度为 17 mm 所对应的含水量为液限,查得下沉深度为 10 mm 所对应的含水量为 10 mm 液限,查得下沉深度为 2 mm 所对应的含水量为塑限,以百分数表示,准确至 0.1%。

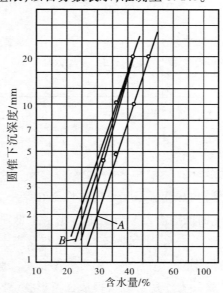

图 2-7　圆锥下沉深度与含水量关系图

2.3.2.2　黏性土的塑性指数和液性指数

1. 塑性指数

塑性指数为液限 ω_L 与塑限 ω_P 的差,用 I_P 表示,习惯上略去百分号,即

$$I_P = \omega_L - \omega_P \tag{2-15}$$

它表示黏性土处于可塑状态时含水量的变化范围。塑性指数越大,土颗粒越细,黏粒含量越多,比表面和结合水含量越高。塑性指数的大小还与土粒的矿物成分有关,当黏粒中主要成分为蒙脱石时,塑性指数较高;当黏粒中主要成分为高岭石时,塑性指数相对较低。土的塑性指数是土的固有属性,塑性指数值可视为常数,与土的天然含水率无关。因此,工程上常用塑性指数对黏性土进行分类。

2. 液性指数

液性指数指黏性土的天然含水率和塑限的差值与塑性指数比值,用 I_L 表示,即

$$I_L = \frac{\omega - \omega_P}{\omega_L - \omega_P} \tag{2-16}$$

液性指数是表征黏性土软硬状态的指标,I_L 以小数表示。由式(2-16)可知,当土的天然含水率 $\omega < \omega_P$ 时,$I_L < 0$,土处于坚硬状态;当 $\omega = \omega_P$ 时,$I_L = 0$,土从半固态进入可塑状态;当 $\omega > \omega_L$ 时,$I_L > 1.0$,土处于流动状态;当 $\omega = \omega_L$ 时,$I_L = 1.0$,土由可塑态进入液态;当 $\omega_P < \omega < \omega_L$ 时,$0 < I_L < 1.0$,土处于可塑状态。因此,I_L 值越大,土质越软;I_L 值越小,土质越硬。《建筑地基基础设计规范》(GB 50007—2011)给出了划分标准,见表2-9。

表 2-9　黏性土状态的划分

液性指数 I_L	状态
$I_L \leqslant 0$	坚硬
$0 < I_L \leqslant 0.25$	硬塑
$0.25 < I_L \leqslant 0.75$	可塑
$0.75 < I_L \leqslant 1.0$	软塑
$I_L > 1.0$	流塑

注:当用静力触探探头阻力或标贯试验锤击数判定黏性土的状态时,可根据当地经验确定。

黏性土的塑性指数是由土性决定的,是黏性土的固有属性,与状态无关,常用于土的分类;液性指数,它主要由土当前的含水率决定,表明黏性土软硬的一种状态。对于一种黏性土,前者是不变的,后者是随含水率状态而变化的。塑性指数如同姓氏,一般不变;液性指数如同年龄,是"状态"的表述。

2.3.3　黏性土的灵敏度和触变性

2.3.3.1　黏性土的灵敏度

由技术钻孔取出的黏性土样,如能保持天然状态下土的结构和含水率不变,则称为原状土样。如土样的结构、构造受到外来因素扰动,则称为扰动土样。土经扰动后,土粒间

的胶结物质以及土粒、离子、水分子所组成的平衡体系受到破坏,即土的天然结构受到破坏,导致土的强度降低和压缩性增大。土的这种结构对其强度的影响,一般用灵敏度 S_t 来表示:

$$S_t = \frac{q_u}{q_u'} \tag{2-17}$$

式中 q_u——原状土的无侧限抗压强度或十字板抗剪强度;

$\quad\quad q_u'$——具有与原状土相同含水率并彻底破坏其结构的重塑土的无侧限抗压强度或十字板抗剪强度。

按灵敏度的大小,黏性土可分类如下:$S_t \leq 2$ 为不灵敏;$2 < S_t \leq 4$ 为中等灵敏;$4 < S_t \leq 8$ 为灵敏;$S_t > 8$ 为极灵敏。土的灵敏度越高,其结构性越强,受扰动后土的强度降低就越多。所以在基础施工中应注意保护槽(坑)底土,尽量减少对土的扰动。

2.3.3.2 黏性土的触变性

饱和黏性土的结构受到扰动,导致强度降低,但当扰动停止后,土的一部分强度又随时间变化而逐渐增长。这是由于土粒、离子和水分子体系随时间变化而逐渐形成新的平衡状态。黏性土这种胶体化学性质称为土的触变性。在黏性土中打桩时,桩侧上的结构受到破坏导致强度降低,但在停止打桩以后,土的一部分强度渐渐恢复,桩的承载力将增加。

2.4 土的工程分类

自然界中土的种类不同,其工程性质也必不相同。从直观上,可以粗略地把土分成两大类:一类是土体中肉眼可见松散颗粒,颗粒间联结弱,这就是前面提到的无黏性土(粗粒土);另一类是颗粒非常细微,颗粒间联结力强,这就是前面提到的黏土。实际工程中,这种粗略的分类远远不能满足工程的要求,还必须用更能反映土的工程特性的指标来系统分类。前面已介绍过,影响土的工程性质的主要因素是土的三相组成和土的物理状态,其中最主要的因素是三相组成中土的固体颗粒,如颗粒的粗细、颗粒的级配等。目前,国内外土的工程分类法并不统一。即使同一国家的各个行业、各个部门,土的分类体系也都是结合本专业的特点而制定的。本节主要介绍《土工试验方法标准》(GB/T 50123—2019)、《建筑地基基础设计规范》(GB 50007—2011)及《铁路桥涵地基和基础设计规范》(TB 10093—2017)中土的分类。

2.4.1 《土工试验方法标准》(GB/T 50123—2019)分类法

该体系土的工程分类应符合现行国家标准,土按不同粒组的相对含量可分为巨粒类土、粗粒类土和细粒类土。土的粒组按表2-10中规定的土颗粒粒径范围划分。

表 2-10　粒组划分

粒组	颗粒名称		粒径(d)的范围/mm
巨粒	漂石(块石)		$d>200$
	卵石(碎石)		$60<d\leqslant200$
粗粒	砾粒	粗砾	$20<d\leqslant60$
		中砾	$5<d\leqslant20$
		细砾	$2<d\leqslant5$
	砂粒	粗砂	$0.5<d\leqslant2$
		中砂	$0.25<d\leqslant0.5$
		细砂	$0.075<d\leqslant0.25$
细粒	粉粒		$0.005<d\leqslant0.075$
	黏粒		$d\leqslant0.005$

(1)巨粒类土应按粒组划分;

(2)粗粒类土应按粒组、级配、细粒土含量划分;

(3)细粒类土应按塑性图、所含粗粒类别以及有机质含量划分。

1. 巨粒类土的分类

巨粒类土的分类应符合表 2-11 的规定。

表 2-11　巨粒土的分类

土类	粒组含量		土类代号	土类名称
巨粒土	巨粒含量>75%	漂石含量大于卵石含量	B	漂石(块石)
		漂石含量不大于卵石含量	Cb	卵石(碎石)
混合巨粒土	50%<巨粒含量≤75%	漂石含量大于卵石含量	BSl	混合土漂石(块石)
		漂石含量不大于卵石含量	CbSl	混合土卵石(块石)
巨粒混合土	15%<巨粒含量≤50%	漂石含量大于卵石含量	SlB	漂石(碎石)混合土
		漂石含量不大于卵石含量	SlCb	卵石(碎石)混合土

2. 粗粒类土的分类

粗粒类土的分类应符合表 2-12、表 2-13 的规定。

表 2-12　砾类土的分类

土类	粒组含量		土类代号	土类名称
砾	细粒含量<5%	级配:Cu≥5,1≤Cc≤3	GW	级配良好砾
		级配:不同时满足上述要求	GP	级配不良砾
含细粒土砾	5%≤细粒含量<15%		GF	含细粒土砾
细粒土质砾	15%≤细粒含量<50%	细粒组中粉粒含量不大于50%	GC	黏土质砾
		细粒组中粉粒含量大于50%	GM	粉土质砾

31

表 2-13　砂类土的分类

土类	粒组含量		土类代号	土类名称
砂	细粒含量<5%	级配:Cu≥5,1≤Cc≤3	SW	级配良好砂
		级配:不同时满足上述要求	SP	级配不良砂
含细粒土砂	5%≤细粒含量<15%		SF	
细粒土质砂	15%≤细粒含量<50%	细粒组中粉粒含量不大于50%	SC	黏土质砂
		细粒组中粉粒含量大于50%	SM	粉土质砂

3. 细粒类土的分类

细粒类土的分类应符合表 2-14 的规定。

表 2-14　细粒土的分类

土的塑性指标在塑性图中的位置		土类代号	土类名称
$I_P \geqslant 0.73(\omega_L-20)$ 和 $I_P \geqslant 7$	$\omega_L \geqslant 50\%$	CH	高液限黏土
	$\omega_L < 50\%$	CL	低液限黏土
$I_P < 0.73(\omega_L-20)$ 和 $I_P < 4$	$\omega_L \geqslant 50\%$	MH	高液限粉土
	$\omega_L < 50\%$	ML	低液限粉土

2.4.2 《建筑地基基础设计规范》(GB 50007—2011)分类法

根据《建筑地基基础设计规范》(GB 50007—2011),作为建筑物地基的岩土,可分为岩石、碎石土、砂土、黏性土、粉土和人工填土。下面主要讨论碎石土、砂土、黏性土、粉土、人工填土等土的分类。

1. 碎石土

粒径大于 2 mm 的颗粒含量超过全重 50% 的土称为碎石土。根据粒组含量及颗粒形状分类的碎石土见表 2-15。

表 2-15　碎石土的分类

土的名称	颗粒形状	粒组含量
漂石 块石	圆形及亚圆形为主 棱角形为主	粒径大于 200 mm 的颗粒含量超过全重的 50%
卵石 碎石	圆形及亚圆形为主 棱角形为主	粒径大于 20 mm 的颗粒含量超过全重的 50%
圆砾 角砾	圆形及亚圆形为主 棱角形为主	粒径大于 2 mm 的颗粒含量超过全重的 50%

注:分类时应根据粒组含量栏,从上到下,以最先符合者确定。

2. 砂土

粒径大于 2 mm 的颗粒含量不超过全重的 50%、粒径大于 0.075 mm 的颗粒超过全重的 50% 的土称为砂土。砂土可分为砾砂、粗砂、中砂、细砂和粉砂，见表 2-16。

表 2-16　砂土的分类

土的名称	颗粒含量
砾砂	粒径大于 2 mm 的颗粒含量占全重的 25%～50%
粗砂	粒径大于 0.5 mm 的颗粒含量超过全重的 50%
中砂	粒径大于 0.25 mm 的颗粒含量超过全重的 50%
细砂	粒径大于 0.075 mm 的颗粒含量超过全重的 85%
粉砂	粒径大于 0.075 mm 的颗粒含量超过全重的 50%

注：分类时应根据颗粒含量栏，从上到下，以最先符合者确定。

3. 黏性土

塑性指数 $I_p > 10$ 的土为黏性土。根据塑性指数的大小，黏性土又分为黏土和粉质黏土，即：$I_p > 17$ 的为黏土；$10 < I_p \leq 17$ 的为粉质黏土。塑性指数由相应于 76 g 圆锥体沉入土样中深度为 10 mm 时测定的液限计算而得。

黏性土中有两个亚类（淤泥和淤泥质土、红黏土）与工程建筑关系极为密切。

（1）淤泥和淤泥质土

淤泥是在静水或缓慢的流水环境中沉积，并经生物化学作用形成的，天然含水率大于液限、天然孔隙比大于或等于 1.5 的黏性土。天然含水率大于液限而天然孔隙比小于 1.5 但大于或等于 1.0 的黏性土或粉土称为淤泥质土。

（2）红黏土

红黏土是指碳酸盐岩系的岩石（石灰岩及白云岩等）经红土化作用形成的高塑性黏土。其液限一般大于 50%。红黏土经再搬运后仍保留其基本特征，其液限大于 45% 的土为次生红黏土。

4. 粉土

粉土为介于砂土与黏性土之间，塑性指数 $I_p \leq 10$ 且粒径大于 0.075 mm 的颗粒含量不超过全重 50% 的土。

5. 人工填土

根据其组成和成因，人工填土可分为素填土、压实填土、杂填土、冲填土。

（1）素填土为由碎石土、砂土、粉土、黏性土等组成的填土；经压实或夯实的素填土为压实填土。

（2）杂填土为含有建筑垃圾、工业废料、生活垃圾等杂物的填土。

（3）冲填土为由水力冲填泥砂形成的填土。

2.4.3 《铁路桥涵地基和基础设计规范》(TB 10093—2017)分类法

1. 土的颗粒分组

土的颗粒分组见表2-17。

表2-17 土的颗粒分组

颗粒分组		粒径 d/mm
漂石(浑圆、圆棱)或块石(尖棱)	大	$d>800$
	中	$400<d\leqslant800$
	小	$200<d\leqslant400$
卵石(浑圆、圆棱)或碎石(尖棱)	大	$100<d\leqslant200$
	小	$60<d\leqslant100$
粗圆砾(浑圆、圆棱)或粗角砾(尖棱)	大	$40<d\leqslant60$
	小	$20<d\leqslant40$
圆砾(浑圆、圆棱)或细角砾	大	$10<d\leqslant20$
	中	$5<d\leqslant10$
	小	$2<d\leqslant5$
砂粒	粗	$0.5<d\leqslant2$
	中	$0.25<d\leqslant0.5$
	细	$0.075<d\leqslant0.25$
粉粒		$0.005\leqslant d\leqslant0.075$
黏粒		$d<0.005$

2. 碎石类土的划分

碎石类土的划分见表2-18。

表2-18 碎石类土的划分

土的名称	颗粒形状	土的颗粒级配
漂石土	浑圆或圆棱状为主	粒径大于 200 mm 颗粒的质量超过总质量的 50%
块石土	尖棱状为主	
卵石土	浑圆或圆棱状为主	粒径大于 60 mm 颗粒的质量超过总质量的 50%
碎石土	尖棱状为主	
粗圆砾土	浑圆或圆棱状为主	粒径大于 20 mm 颗粒的质量超过总质量的 50%
粗角砾土	尖棱状为主	
细圆砾土	浑圆或圆棱状为主	粒径大于 2 mm 颗粒的质量超过总质量的 50%
细角砾土	尖棱状为主	

注:碎石土定名时应根据粒径分组,由大到小,以最先符合者确定。

普通高等教育土木类专业"十四五"系列教材

3. 砂类土的划分

砂类土的划分见表 2-19。

表 2-19　砂类土的划分

土的名称	土的颗粒级配
砾砂	粒径大于 2 mm 颗粒的质量占总质量的 25%~50%
粗砾	粒径大于 0.5 mm 颗粒的质量超过总质量的 50%
中砂	粒径大于 0.25 mm 颗粒的质量超过总质量的 50%
细砂	粒径大于 0.075 mm 颗粒的质量超过总质量的 85%
粉砂	粒径大于 0.075 mm 颗粒的质量超过总质量的 50%

注:砂类土定名时应根据颗粒级配,由大到小,以最先符合者确定。

4. 粉土、黏性土的划分

粉土、黏性土的划分见表 2-20。

表 2-20　粉土及黏性土的划分

土的名称	塑性指数 I_p
粉土	$I_p \leqslant 10$
粉质黏土	$10 < I_p \leqslant 17$
黏土	$I_p > 17$

本 章 小 结

土为三相体系,由固体颗粒(固相)、水(液相)和空气(气相)组成。

土中固体颗粒的大小、矿物成分、土粒形状对土的物理性质有显著影响,可以通过级配曲线,判别土体级配的好坏。土中水包括结合水和自由水。

土的结构有单粒结构、蜂窝结构、絮状结构三种。

土的三相组成比例关系的指标,统称为土的三相比例指标。其中土的密度、相对密度和含水量为实测指标(亦称试验指标);由实测指标可计算得到换算指标,如孔隙比、孔隙率、饱和度、饱和密度、干密度、有效重度等。利用土的三相图,可进行指标之间的换算。

无黏性土的密实度可通过标准贯入锤击数、孔隙比和相对密度来判定。

黏性土稠度是指土的软硬程度或土受外力作用所引起变形或破坏的抵抗能力。

土的界限含水量:

塑限(ω_P)——土从塑性状态转变为半固体状态时的分界含水量;

液限(ω_L)——土从液性状态转变为塑性状态时的分界含水量。

塑性指数是黏性土分类的重要标志之一,它表示土处在可塑状态的含水量变化范围,

35

其值的大小取决于土颗粒吸附结合水的能力,亦与土中黏粒含量有关,黏粒含量越多,土的比表面积越大,塑性指数就越高。

液性指数是判定黏性土软硬程度的重要指标。

土有多种工程分类方法。

思考题与习题

思考题

2-1 何谓土粒粒组?土粒六大粒组的划分标准是什么?

2-2 在土的三相比例指标中,哪些指标是直接测定的?其余指标如何导出?

2-3 什么是黏性土的界限含水量?

2-4 土中结合水可分为哪两种?它们各有什么特点?

2-5 什么是塑性指数?其工程用途是什么?

2-6 判断砂土松密程度有哪些方法?

2-7 地基土分几大类?各类土的划分依据是什么?

习题

2-1 从干土样中称取 1000 g 的试样,经标准筛充分过筛后称得各级筛上留下来的土粒质量如表 2-21 所示。试求土中各粒组的质量的百分含量与小于各级筛孔径的质量累积百分含量。

表 2-21 筛分析试验结果

筛孔径/mm	2.0	1.0	0.5	0.25	0.075	底盘
各级筛上的土粒质量/g	100	100	250	350	100	100

2-2 某砂土的颗粒级配曲线,$d_{10}=0.07$ mm,$d_{30}=0.2$ mm,$d_{60}=0.45$ mm,求不均匀系数和曲率系数,并进行土的级配判别。

2-3 用体积为 72 cm³ 的环刀取得某原状土样重 132 g,烘干后土重 122 g,$G_s=2.72$。试计算该土样的 ω、e、S_r、γ、γ_{sat}、γ'、γ_d,并比较各重度的大小。

2-4 某完全饱和的土样,经测得其含水率 $\omega=30\%$,土粒比重 $G_s=2.72$。试求该土的孔隙比 e、密度 ρ 和干密度 ρ_d。

2-5 某黏土的含水量 $\omega=36.4\%$,液限 $\omega_L=48\%$,塑限 $\omega_p=25.4\%$。

(1)求该土的塑性指数 I_p;

(2)确定该土的名称;

(3)求该土的液性指标 I_L;

(4)按液性指数确定该土的状态。

2-6　从甲、乙两地土层中各取出土样进行试验,液限 $\omega_L = 40\%$,塑限 $\omega_p = 25\%$,但甲地的天然含水量 $\omega = 45\%$,而乙地的 $\omega = 20\%$。试求甲、乙两地的地基土的液性指数 I_L 各是多少? 判断其状态,哪一个地基的土较好?

2-7　某砂土土样的天然密度为 1.77 g/cm³,天然含水量为 9.8%,土粒相对密度为 2.67,烘干后测定最小孔隙比为 0.461,最大孔隙比为 0.943。试求天然孔隙比 e 和相对密度 D_r,并评定该砂土的密实度。

2-8　某无黏性土样,标准贯入试验锤击数 $N = 20$,饱和度 $S_r = 85\%$,土样颗粒分析结果如下:

表 2-22　习题 2-8 表

粒径/mm	2~0.5	0.5~0.25	0.25~0.075	0.075~0.05	0.05~0.01	<0.01
粒组含量/%	5.6	17.5	27.4	24.0	15.5	10.0

试确定该土的名称和状态。

第 3 章 地基中的应力计算

【学习目的和要求】

掌握土的自重应力与基底附加压力的计算;运用矩形角点法计算地基中的应力;能够正确使用教材的图表来计算附加应力;了解地基中附加应力的分布规律。

【学习内容】

1. 认识土中应力,了解其产生原因和作用效果。

2. 理解刚性基础底面压应力分布现象,掌握基底压力的计算方法。

3. 掌握自重应力的计算方法及分布规律。

4. 掌握附加应力的计算方法,包括集中力和分布荷载作用下土中应力计算,矩形基础角点下应力计算及角点法计算任意点应力。

5. 了解非均质地基中的附加应力分布。

【重点与难点】

重点:自重应力和附加应力计算。

难点:矩形面积下的附加应力计算。

3.1 概述

3.1.1 土中应力计算的目的及方法

建筑物、构筑物、车辆等的荷载,要通过基础或路基传递到土体上,在这些荷载及其他作用力(如渗透力、地震力)的作用下,土中产生应力。土中应力的增加将引起土的变形,使建筑物发生下沉、倾斜以及水平位移;土的变形过大时,往往会影响建筑物的安全和正常使用。此外,土中应力过大时,也会引起土体的剪切破坏,使土体发生剪切滑动而失去稳定。为了使所设计的建筑物、构筑物既安全可靠又经济合理,就必须研究土体的变形、强度、地基承载力、稳定性等问题,而不论研究上述何种问题,都必须首先了解土中的应力分布状况。只有掌握了土中应力的计算方法和土中应力的分布规律,才能正确运用土力学的基本原理和方法解决地基变形、土体稳定等问题。因此,研究土中应力分布及计算方法是土力学的重要内容之一。

目前计算土中应力的方法,主要是采用弹性理论公式,也就是把地基土视为均匀的、各向同性的半无限弹性体。这虽然同土体的实际情况有差别,但其计算结果还是能满足实际工程要求的,其原因可以从以下几个方面来分析:

(1)土的分散性影响。第 2 章已经指出土是由三相组成的分散体,而不是连续介质,土中应力是通过土颗粒间的接触来传递的。然而由于建筑物的基础底面尺寸远远大于土颗粒尺寸,同时实际工程一般也只是计算平面上的平均应力,而不是土颗粒间的接触集中应力,因此,可以忽略土分散性的影响,近似地把土体作为连续体来考虑。

(2)土的非均质性和非理想弹性的影响。土在形成过程中具有各种结构与构造,使土呈现不均匀性。同时,土体也不是一种理想的弹性体,而是一种具有弹塑性或黏滞性的介质。但是,弹性分析是求解非线性问题的第一步,而且,在实际工程中土中应力水平较低,土的应力-应变关系接近于线性关系。因此,当土层间的性质差异并不悬殊时,采用弹性理论计算土中应力在实用上是允许的。

(3)地基土可视为半无限体。所谓半无限体即该物体在水平向 x 轴及 y 轴的正负方向是无限延伸的,而竖直向 z 轴仅只在向下的正方向无限延伸,向上的负方向等于零。地基土在水平方向及深度方向相对于建筑物基础的尺寸而言,可以认为是无限延伸的,因此,可以认为地基土符合半无限体的假定。

3.1.2　土中应力分类

土中应力按照其产生原因和作用效果的不同,分为自重应力和附加应力两种。自重应力是由土体本身有效重力产生的应力。一般而言,土体在自重作用下,在漫长的地质历史上已压缩稳定,不再引起地基变形。只有新沉积土或近期人工填土在土的自重作用下尚未固结,需要考虑土的自重引起的地基变形。

附加应力是建筑物及其外荷载引起的应力增量。它是使地基失去稳定和产生变形的主要原因。

由于产生的条件不相同,因此土中自重应力与附加应力的物理意义和计算方法都不相同。

3.2 土中自重应力计算

自重应力是由地基土体本身的有效重力产生的。研究地基的自重应力是为了确定地基土体的应力状态。

3.2.1 均匀地基土的自重应力

计算地基中的自重应力时,一般将地基作为半无限弹性体来考虑,地基中的自重应力状态属于侧限应力状态,其内部任一水平面和垂直面上,均只有正应力而无剪应力,如图3-1所示。在地面下深度z处,任取一单元体,其上的自重应力分量为:竖向自重应力σ_{cz};水平自重应力σ_{cx}、σ_{cy},且$\sigma_{cx}=\sigma_{cy}$;不存在剪应力。当地基是均质土体时,在深度z处土的竖向自重应力为

$$\sigma_{cz}=\gamma z \tag{3-1}$$

式中　γ——土的天然重度,kN/m^3;

由上式可见,自重应力随深度z线性增加,呈三角形分布,如图3-1所示。

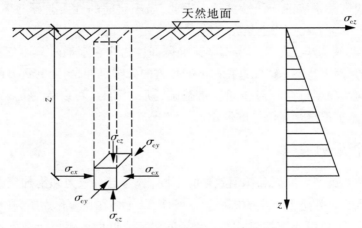

图3-1　均质地基土的自重应力

3.2.2 多层地基土的自重应力

若地基是由不同性质的成层土组成时,则在地面以下任意深度z处的自重应力为

$$\sigma_{cz}=\gamma_1 h_1+\gamma_2 h_2+\cdots=\sum_{i=1}^{n}\gamma_i h_i \tag{3-2}$$

式中　n——深度z范围内的土层总数;

$\quad\quad h_i$——第i层土层厚;

$\quad\quad \gamma_i$——第i层土的重度,kN/m^3,地下水位以上的土层一般取天然重度,地下水位以下的土层取有效重度γ',对毛细饱和带的土层取饱和重度。

普通高等教育土木类专业"十四五"系列教材

由式(3-2)可知,多层土中自重应力沿着深度成折线分布,转折点位于 γ 值发生变化的界面,如图3-2所示。

在地下水位以下,如埋藏有不透水层(例如连续分布的坚硬黏性土层),由于不透水层中不存在水的浮力,所以层面及层面以下的自重应力应按上覆土层的水土总重计算,如图3-2所示。

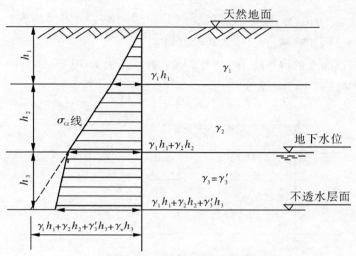

图3-2 成层土中的自重应力分布

由图3-2可知,成层土的自重应力分布曲线的变化规律为:①分布曲线是一条折线,拐点位于土层交界处和地下水位处;②同一层土的自重应力按直线变化;③自重应力随深度的增加而增大;④水平面上均匀分布,竖直线上折线形分布。

此外,地下水位的升降会引起土中自重应力的变化。如在某些软土地区,由于大量抽取地下水等原因,造成地下水位大幅度下降,这将使地基中原水位以下土体中的有效自重应力增加[图3-3(a)],从而造成地表大面积下沉的严重后果。至于地下水位上升的情况[图3-3(b)],一般发生在人工抬高蓄水水位的地区(如筑坝蓄水)或工业用水大量渗入地下的地区。如果该地区土层具有遇水后土性发生变化的特性,则必须引起注意。

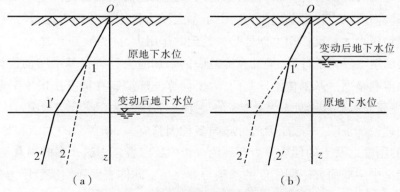

（a）   （b）
图3-3 地下水升降对自重应力的影响

41

【例3-1】试计算图3-4所示土层的自重应力及作用在基岩顶面的土自重应力和静水压力之和,并绘制自重应力分布图。(该图中黏土层看成透水地层)

【解】土中各点的自重应力计算如下:

$$\sigma_{cz1} = \gamma_1 h_1 = 19 \times 2.0 = 38 (kPa)$$

$$\sigma_{cz2} = \gamma_1 h_1 + \gamma_2 h_2 = 38 + (19.4 - 10) \times 2.5 = 61.5 (kPa)$$

$$\sigma_{cz3} = \gamma_1 h_1 + \gamma_2 h_2 + \gamma_3 h_3 = 61.5 + (17.4 - 10) \times 4.5 = 94.8 (kPa)$$

$$\sigma_w = \gamma_w (h_2 + h_3) = 10 \times 7.0 = 70 (kPa)$$

作用在基岩顶面土的自重应力为 94.8 kPa,静水压力为 70 kPa。

总应力为:94.8+70=164.8(kPa)。

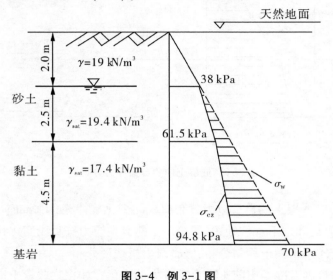

图 3-4 例 3-1 图

3.3 基底压力

作用在地基表面的各种分布荷载,都是通过建筑物的基础传到地基中的。基础底面传递给地基表面的压力称为基底压力。由于基底压力作用于基础与地基的接触面上,故也称之为接触压力。其反作用力即地基对基础的作用力,称为地基反力。

基础底面接触压力的计算,是计算地基中的附加应力和进行基础结构设计所需。因为建筑物的荷载是通过基础传给地基的,为了计算上部荷载在地基土层中引起的附加应力,必须首先研究基础底面处与基础底面接触面上的压力大小与分布情况。

试验和理论都证明,基底压力的分布与多种因素有关,如荷载的大小和分布、基础的埋深、基础的刚度以及土的性质等。在理论分析中要综合考虑这么多的因素是困难的,目前在弹性理论中主要研究不同刚度的基础与弹性半空间体表面间的接触压力分布问题。

3.3.1　基底压力的实际分布规律

1. 柔性基础

若一个基础作用着均布荷载,并假设基础由许多小块组成,如图3-5(a)所示,各小块之间光滑而无摩擦力,则这种基础即为理想柔性基础(即基础的抗弯刚度$EI \to 0$),基础上的荷载通过小块直接传递到地基土上,基础随着地基一起变形,基底压力均匀分布,但基础底面的沉降则各处不同,中央大而边缘小。对于路基、坝基及薄板基础等柔性基础,其刚度很小,可近似地看成是理想柔性基础。基础为绝对刚性时,抗弯刚度为无限大,基础受荷后仍保持平面,各点沉降相同,基底压力分布为两边大而中间小,如图3-5(b)所示。

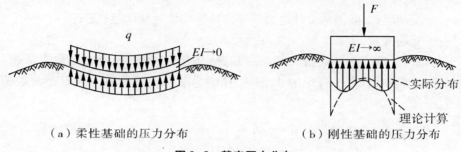

（a）柔性基础的压力分布　　　　（b）刚性基础的压力分布

图 3-5　基底压力分布

2. 刚性基础

刚性基础(如块式整体基础、素混凝土基础)本身刚度较大,受荷后基础不出现挠曲变形。由于地基与基础的变形必须协调一致,因此在调整基底沉降使之趋于均匀的同时,基底压力发生了转移。理论与实测证明,通常在中心荷载下,基底压力为马鞍形分布,中间小而边缘大,如图3-6(a)所示。当上部荷载加大,由于压力很大,使基础边缘土中产生塑性变形区,边缘应力不再增大,而使中央部分继续增大,基底压力重新分布而呈抛物线形,如图3-6(b)所示。当荷载继续增加接近地基的破坏荷载时,应力图形又变成中部突出的钟形,如图3-6(c)所示。

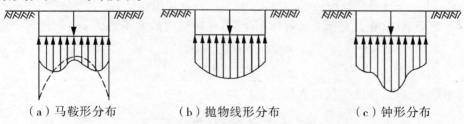

（a）马鞍形分布　　　　（b）抛物线形分布　　　　（c）钟形分布

图 3-6　刚性基础基底压力分布图

从上面的分析可以看出,对于柔性基础,在中心荷载作用下,基底压力一般均匀分布。而对于刚性基础,基底压力一般不是均匀分布,但为了便于计算,一般也按均匀分布考虑。虽然不够精确,但这种误差也是工程所允许的。

43

3.3.2 中心荷载作用下的基底压力

对于中心荷载作用下的矩形基础,假定此时基底压力均匀分布,按材料力学公式,有:

$$p = \frac{F+G}{A} \tag{3-3}$$

式中　p——基底(平均)压力,kPa;

　　　F——上部结构传至基础顶面的垂直荷载,kN;

　　　G——基础自重与其回填土自重标准值,kN,$G = \gamma_G A d$;

　　　γ_G——基础及回填土的平均自重,一般取 20 kN/m³,在地下水位以下部分用有效重度;

　　　d——基础埋深,必须从设计地面或室内外平均设计地面起算,m;

　　　A——基底面积,m²。

对于荷载沿长度方向均匀分布的条形基础($l>10b$),则沿长度方向取 1 m 来计算。此时用基础宽度取代式(3-3)中的 A,而 $F+G$ 则为沿基础延伸方向取 1 m 截条的相应值,kN/m。

3.3.3 单向偏心荷载作用下的基底压力

当基础受到单向偏心荷载($F+G$)作用时,偏心距为 e,如用一等代力系代替,将($F+G$)移到中心,同时应有一力矩 $M = (F+G)e$。此时,基底压力分布应如图 3-7 所示,其最大值为 p_{max},最小值为 p_{min}。根据材料力学公式有:

$$\begin{matrix} p_{max} \\ p_{min} \end{matrix} = \frac{F+G}{A} \pm \frac{M}{W} \tag{3-4}$$

式中　A——基底面积,$A = bl$,m²;

　　　M——相应于荷载效应标准组合时,作用于基础地面的力矩值;

　　　W——基础底面的抵抗矩,m³,对于矩形截面,$W = \frac{bl^2}{6}$;

　　　p_{max}、p_{min}——基础底面边缘的最大、最小压力设计值。

对于矩形基础,在竖直偏心荷载作用下,基底两侧的最大和最小压力的计算公式为

$$\begin{matrix} p_{max} \\ p_{min} \end{matrix} = \frac{F+G}{bl}\left(1 \pm \frac{6e}{l}\right) \tag{3-5}$$

对于条形基础,基底两侧最大和最小压力为

$$\begin{matrix} p_{max} \\ p_{min} \end{matrix} = \frac{F+G}{l}\left(1 \pm \frac{6e}{l}\right) \tag{3-6}$$

由式(3-5)可见:

(1)当 $e=0$ 时,基底压力为矩形分布。

(2)当合力偏力矩 $0<e<\frac{l}{6}$ 时,基底压力呈梯形分布。

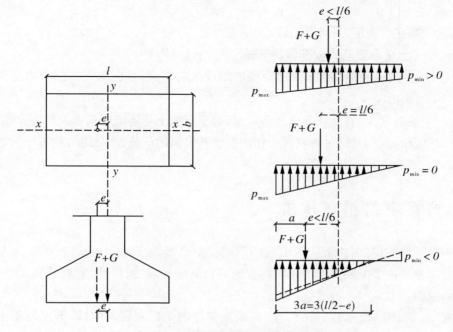

图 3-7　偏心荷载作用下基底压力图

（3）当合力偏力矩 $e=\dfrac{l}{6}$ 时，$p_{\min}=0$，基底压力呈三角形分布。

（4）当 $e>\dfrac{l}{6}$ 时，$p_{\min}<0$，意味着基底一侧出现拉应力。但基础与地基之间不能受拉，故该侧将出现基础与地基的脱离，接触面积有所减少，而出现应力重分布现象。此时不能再按叠加原理求最大应力值。其最大应力值为

$$p_{\max}=\frac{2(F+G)}{3ba} \tag{3-7}$$

式中　a——单向偏心竖向荷载作用点至基底最大压力边缘的距离，$a=\dfrac{l}{2}-e$，m；

　　　　b——垂直于力矩作用方向的基础底面边长，m。

3.3.4　基底附加压力

建筑物建造前，土中早已存在着自重应力。如果基础砌置在天然地面上，则全部基底压力即是新增加于地基表面的基底附加压力。一般天然土层在自重作用下的变形早已结束，因此只有基底附加压力才能引起地基的附加应力和变形。

实际上，一般浅基础总是埋置在天然地面下一定深度处，该处原有的自重应力由于开挖基坑而卸除。因此，在建筑物建造后的基底压力中扣除基底标高处原有的土中自重应力后，才是基底平面处新增加于地基的基底附加压力。基底平均附加压力设计值 p_0 按下式计算：

$$p_0 = p - \sigma_{cz} = p - \gamma_0 d \qquad (3-8)$$

式中　p——基底平均压力设计值,kPa;

　　　σ_{cz}——土中自重应力标准值,基底处 $\sigma_{cz} = \gamma_0 d$,kPa;

　　　γ_0——基础底面标高以上天然土层的加权平均重度,其中地下水位下的重度取有效重度,kN/m^3;

　　　d——基础埋深,必须从天然地面算起,对于新填土场地则应从老天然地面起算。

求得基底附加压力后,可将其视为作用在地基表面的荷载,然后进行地基中的附加应力计算。

3.4　地基中的附加压力

对一般天然土层,由自重应力引起的压缩变形已经趋于稳定,不会再引起地基的沉降。附加应力是由于土层上部的建筑物在地基内新增的应力,因此,它是使地基变形、沉降的主要原因。

目前,地基中附加应力的计算方法是根据弹性理论建立起来的,即假定地基土是均匀、连续、各向同性的半无限空间弹性体。下面介绍地表上作用不同类型荷载时,在地基内引起的附加应力分布形式。

3.4.1　竖直集中力作用下的附加应力——布辛奈斯克(Boussinesq)解答

1885 年,法国 J. 布辛奈斯克(Boussinesq)用弹性理论推出在半空间弹性体表面上作用一个竖向集中力时,在弹性体内任意点 M 所引起的应力的解析解。若以 p 作用点为原点,以 p 的作用线为 z 轴,建立三轴坐标系,则 M 点的坐标为 (x,y,z),如图 3-8 所示,M' 点为 M 点在半空间表面的投影。

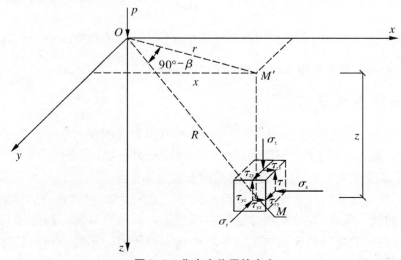

图 3-8　集中力作用的应力

46

布辛奈斯克曾得出 M 点的 σ 与 τ 的六个应力分量表达式,其中对沉降计算意义最大的是竖向应力分量 σ_z,下面将主要介绍 σ_z 的公式及其含义。

σ_z 的表达式为

$$\sigma_z = \frac{3p}{2\pi} \times \frac{z^3}{R^5} \qquad (3-9)$$

式中　p——作用于坐标原点 O 的竖向集中力,kN;

　　　R——M 点至坐标原点 O 的距离,$R = \sqrt{x^2+y^2+z^2} = \sqrt{r^2+z^2}$;

　　　z——M' 点与集中力作用点的水平距离。

利用图 3-8 中的几何关系 $R^2 = r^2 + z^2$,式(3-9)可改写为

$$\sigma_z = \frac{3p}{2\pi} \times \frac{z^3}{R^5} = \frac{3p}{2\pi \times z^2} \times \frac{1}{\left[1+\left(\frac{r}{z}\right)^2\right]^{5/2}} = \alpha \times \frac{p}{z^2} \qquad (3-10)$$

式中　α——竖直集中力作用下的竖向附加应力系数,它是 $\frac{r}{z}$ 的函数,$\alpha = \frac{3}{2\pi} \times \dfrac{1}{\left[1+\left(\frac{r}{z}\right)^2\right]^{5/2}}$,

　　　可由表 3-1 查得。

表 3-1　集中力作用下的竖向附加应力系数 α

$\frac{r}{z}$	α	$\frac{r}{z}$	α	$\frac{r}{z}$	α	$\frac{r}{z}$	α	$\frac{r}{z}$	α
0.00	0.477 5	0.40	0.329 4	0.80	0.138 6	1.20	0.051 3	1.60	0.020 0
0.01	0.477 3	0.41	0.323 8	0.81	0.135 3	1.21	0.050 1	1.61	0.019 5
0.02	0.477 0	0.42	0.318 3	0.82	0.132 0	1.22	0.048 9	1.62	0.019 1
0.03	0.476 4	0.43	0.312 4	0.83	0.128 8	1.23	0.047 7	1.63	0.018 7
0.04	0.475 6	0.44	0.306 8	0.84	0.125 7	1.24	0.046 6	1.64	0.018 3
0.05	0.474 5	0.45	0.301 1	0.85	0.122 6	1.25	0.045 4	1.65	0.017 9
0.06	0.473 2	0.46	0.295 5	0.86	0.119 6	1.26	0.044 3	1.66	0.017 5
0.07	0.471 7	0.47	0.289 9	0.87	0.116 6	1.27	0.043 3	1.67	0.017 1
0.08	0.469 9	0.48	0.284 3	0.88	0.113 8	1.28	0.042 2	1.68	0.016 7
0.09	0.467 9	0.49	0.278 8	0.89	0.111 0	1.29	0.041 2	1.69	0.016 3
0.10	0.465 7	0.50	0.273 3	0.90	0.108 3	1.30	0.040 2	1.70	0.016 0
0.11	0.463 3	0.51	0.267 9	0.91	0.105 7	1.31	0.039 3	1.72	0.015 3
0.12	0.460 7	0.52	0.262 5	0.92	0.103 1	1.32	0.038 4	1.74	0.014 7
0.13	0.457 9	0.53	0.257 1	0.93	0.100 5	1.33	0.037 4	1.76	0.014 1
0.14	0.454 8	0.54	0.251 8	0.94	0.098 1	1.34	0.036 5	1.78	0.013 5
0.15	0.451 6	0.55	0.246 6	0.95	0.095 6	1.35	0.035 7	1.80	0.012 9

47

$\dfrac{r}{z}$	α	$\dfrac{r}{z}$	α	$\dfrac{r}{z}$	α	$\dfrac{r}{z}$	α	$\dfrac{r}{z}$	α
0.16	0.448 2	0.56	0.241 4	0.96	0.093 3	1.36	0.034 8	1.82	0.012 4
0.17	0.444 6	0.57	0.236 3	0.97	0.091 0	1.37	0.034 0	1.84	0.011 9
0.18	0.440 9	0.58	0.231 3	0.98	0.088 7	1.38	0.033 2	1.86	0.011 4
0.19	0.437 0	0.59	0.226 3	0.99	0.086 5	1.39	0.032 4	1.88	0.010 9
0.20	0.432 9	0.60	0.221 4	1.00	0.084 4	1.40	0.031 7	1.90	0.010 5
0.21	0.428 6	0.61	0.216 5	1.01	0.082 3	1.41	0.030 9	1.92	0.010 1
0.22	0.424 2	0.62	0.211 7	1.02	0.080 3	1.42	0.030 2	1.94	0.009 7
0.23	0.419 7	0.63	0.207 0	1.03	0.078 3	1.43	0.029 5	1.96	0.009 3
0.24	0.415 1	0.64	0.202 4	1.04	0.076 4	1.44	0.028 8	1.98	0.008 9
0.25	0.410 3	0.65	0.199 8	1.05	0.074 4	1.45	0.028 2	2.00	0.008 5
0.26	0.405 4	0.66	0.193 4	1.06	0.072 7	1.46	0.027 5	2.10	0.007 0
0.27	0.400 4	0.67	0.188 9	1.07	0.070 9	1.47	0.026 9	2.20	0.005 8
0.28	0.395 4	0.68	0.184 6	1.08	0.069 1	1.48	0.026 3	2.30	0.004 8
0.29	0.390 2	0.69	0.180 4	1.09	0.067 4	1.49	0.025 7	2.40	0.004 0
0.30	0.384 9	0.70	0.176 2	1.10	0.065 8	1.50	0.025 1	2.50	0.003 4
0.31	0.379 6	0.71	0.172 1	1.11	0.064 1	1.51	0.024 5	2.60	0.002 9
0.32	0.374 2	0.72	0.168 1	1.12	0.062 6	1.52	0.024 0	2.70	0.002 4
0.33	0.368 7	0.73	0.164 1	1.13	0.061 0	1.53	0.023 4	2.80	0.002 1
0.34	0.363 2	0.74	0.160 3	1.14	0.059 5	1.54	0.022 9	2.90	0.001 7
0.35	0.357 7	0.75	0.156 5	1.15	0.058 1	1.55	0.022 4	3.00	0.001 5
0.36	0.352 1	0.76	0.152 7	1.16	0.056 7	1.56	0.021 9	3.50	0.000 7
0.37	0.346 5	0.77	0.149 1	1.17	0.055 3	1.57	0.021 4	4.00	0.000 4
0.38	0.340 8	0.78	0.145 5	1.18	0.035 9	1.58	0.020 9	4.50	0.000 2
0.39	0.335 1	0.79	0.142 0	1.19	0.052 6	1.59	0.020 4	5.00	0.000 1

【例 3-2】在地面作用一集中荷载 $p=200$ kN,试确定:

(1)求地基中 $z=2$ m 的水平面上,水平距离 $r=1$ m、2 m、3 m、4 m 各点的竖向附加应力 σ_z 值,并绘出分布图;

(2)求地基中 $r=0$ 的竖直线上距地面 $z=0$ m、1 m、2 m、3 m、4 m 处各点的 σ_z 值,并绘分布图;

(3)取 $\sigma_z=20$ kN/m²、10 kN/m²、4 kN/m² 和 2 kN/m²,反算在地基中 $z=2$ m 的水平面上的 r 值和在 $r=0$ 的竖直线上的 z 值,并绘出相应于该四个应力值的 σ_z 等值线图。

【解】(1)在地基中 $z=2$ m 的水平面上各点的附加应力 σ_z 的计算见表 3-2;σ_z 的分布图见图 3-9。

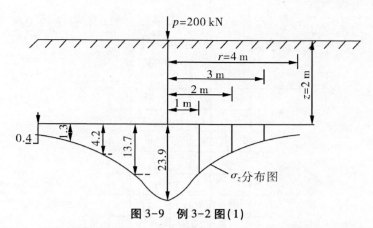

图 3-9　例 3-2 图(1)

（2）在地基中 $r=0$ 的竖直线上，指定点的附加应力 σ_z 的计算见表 3-3；σ_z 分布图见图 3-10。

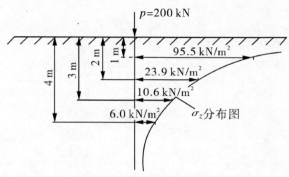

图 3-10　例 3-2 图(2)

表 3-2　例 3-2 表(1)

z/m	r/m	$\dfrac{r}{z}$	α（查表 3-1）	$\sigma_z = \dfrac{\alpha p}{z^2}$/（kN/m²）
2	0	0	0.477 5	23.9
2	1	0.5	0.273 3	13.7
2	2	1.0	0.084 4	4.2
2	3	1.5	0.025 1	1.3
2	4	2.0	0.008 5	0.4

表 3-3　例 3-2 表(2)

z/m	r/m	$\dfrac{r}{z}$	α（查表 3-1）	$\sigma_z = \dfrac{\alpha p}{z^2}$/（kN/m²）
0	0	0	0.477 5	
1	0	0	0.477 5	95.5
2	0	0	0.477 5	23.9
3	0	0	0.477 5	10.6
4	0	0	0.477 5	6.0

49

（3）当指定附加应力 σ_z 时,反算 $z=2$ m 的水平面上的 r 值和在 $r=0$ 的竖直线上的 z 值的计算数据,见表 3-4;附加应力 σ_z 的等值线绘于图 3-11。

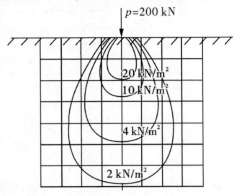

图 3-11　例 3-2 图(3)

表 3-4　例 3-2 表(3)

$\sigma_z/(\text{kN/m}^2)$	z/m	$\alpha=\dfrac{\sigma_z z^2}{p}$	$\dfrac{r}{z}$（查表 3-2）	r/m
20	2	0.400 0	0.27	0.54
10	2	0.200 0	0.65	1.30
4	2	0.080 0	1.02	2.04
2	2	0.040 0	1.30	2.60
$\sigma_z/(\text{kN/m}^2)$	r/m	$\dfrac{r}{z}$	α（查表 3-3）	$z=\sqrt{\dfrac{\alpha p}{\sigma_z}}$
20	0	0	0.477 5	2.19
10	0	0	0.477 5	3.09
4	0	0	0.477 5	4.88
2	0	0	0.477 5	6.91

由本例计算结果和式(3-10)可归纳出集中力作用下地基中附加应力的分布规律如下:

(1)在集中力 p 作用线上,随着深度 z 的增加, σ_z 逐渐减少。

(2)当离集中力作用线某一距离 r 时,在地表处的附加应力 $\sigma_z=0$;随着深度的增加, σ_z 逐渐递增,但到一定深度后, σ_z 又随着深度 z 的增加而减小。

(3)当 z 一定时,即在同一水平面上,附加应力 σ_z 随着 r 的增大而减小。如果在空间将 σ_z 相同的点连接起来形成曲面,就可以得到如图 3-11 所示的等值线,其空间曲面的形状如泡状,所以也称为应力泡。

由上述分析可知,集中力 p 在地基中引起的附加应力向深部、向四周无限传播,在传播过程中,应力强度不断降低,这种现象称为应力扩散。

50

当地基表面作用有几个集中力时,可以分别算出各集中力在地基中引起的附加应力,然后根据弹性体应力叠加原理求出地基的附加应力的总和。

　　在实际工程应用中,当基础底面形状不规则或荷载分布较复杂时,可将基底划分为若干个小面积,把小面积上的荷载当成集中力,然后利用上述公式计算附加应力。

3.4.2　矩形面积受竖直均布荷载作用时角点下的附加应力

　　矩形基础当底面受到竖直均布荷载(此处指均布压力)作用时,基础角点下任意点深度处的竖向附加应力,可以利用基本公式沿着整个矩形面积进行积分求得。如图 3-12 所示,当竖向均布荷载 p 作用于矩形基底时,矩形基底面角点下任一深度 z 处的附加应力 σ_z 可按下式计算:

$$\sigma_z = \int_0^b \int_0^l \frac{3p}{2\pi} \cdot \frac{z^3 \mathrm{d}x\mathrm{d}y}{\left(\sqrt{x^2+y^2+z^2}\right)^5} \tag{3-11}$$

$$= \frac{p}{2\pi}\left[\frac{mn}{\sqrt{1+m^2+n^2}} \cdot \left(\frac{1}{m^2+n^2}+\frac{1}{1+n^2}\right)+\arctan\frac{m}{\sqrt{1+m^2+n^2}}\right] = \alpha_c p$$

式中　α_c——垂直均布荷载下矩形基底角点下的竖向附加应力系数,无量纲,$\alpha_c = f(m,n)$,$m = \dfrac{l}{b}$,$n = \dfrac{z}{b}$,可由表 3-5 查得。l 为基础长边,b 为基础短边,z 是从基底面起算的深度。

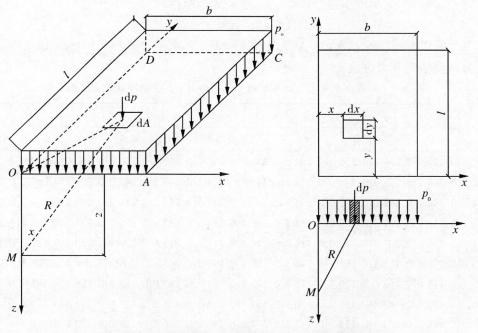

图 3-12　矩形面积均布荷载作用下角点下的附加应力

对于在基底范围以内或以外任意点下的竖向附加应力,可利用式(3-11)并按叠加原理进行计算,这种方法称之为"角点法",如图 3-13 所示。

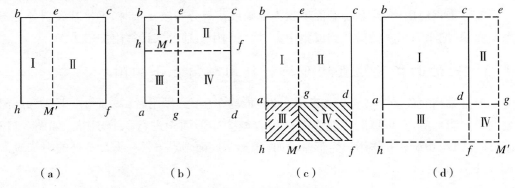

（a）　　　　　（b）　　　　　（c）　　　　　（d）

图 3-13　角点法应用

（a）计算矩形荷载面边缘任一点 M' 之下的附加应力时:

$$\sigma_c = (\alpha_{cI} + \alpha_{cII})p$$

（b）计算矩形荷载面内任一点 M' 之下的附加应力时:

$$\sigma_c = (\alpha_{cI} + \alpha_{cII} + \alpha_{cIII} + \alpha_{cIV})p$$

（c）计算矩形荷载面边缘外任一点 M' 之下的附加应力时:

$$\sigma_c = (\alpha_{cI} + \alpha_{cII} - \alpha_{cIII} - \alpha_{cIV})p$$

（d）计算矩形荷载面角点外侧任一点 M' 之下的附加应力时:

$$\sigma_c = (\alpha_{cI} - \alpha_{cII} - \alpha_{cIII} + \alpha_{cIV})p$$

以上各式中 α_{cI}、α_{cII}、α_{cIII}、α_{cIV} 分别为矩形 $M'hbe$、$M'fce$、$M'hag$、$M'fdg$ 的角点竖向附加应力系数,p 为荷载强度。

表 3-5　矩形面积受竖直均布荷载作用时角点下的竖向附加应力系数 α_c

$n = z/b$	$m = l/b$										
	1.0	1.2	1.4	1.6	1.8	2.0	3.0	4.0	5.0	6.0	10.0
0.0	0.250 0	0.250 0	0.250 0	0.250 0	0.250 0	0.250 0	0.250 0	0.250 0	0.250 0	0.250 0	0.250 0
0.2	0.248 6	0.248 9	0.249 0	0.249 1	0.249 1	0.249 1	0.249 2	0.249 2	0.249 2	0.249 2	0.249 2
0.4	0.240 1	0.242 0	0.242 9	0.243 4	0.243 7	0.243 9	0.244 2	0.244 3	0.244 3	0.244 3	0.244 3
0.6	0.222 9	0.227 5	0.230 0	0.235 1	0.232 4	0.232 9	0.233 9	0.234 1	0.234 2	0.234 2	0.234 2
0.8	0.199 9	0.207 5	0.212 0	0.214 7	0.216 5	0.217 6	0.219 6	0.220 0	0.220 2	0.220 2	0.220 2
1.0	0.175 2	0.185 1	0.191 1	0.195 5	0.198 1	0.199 9	0.203 4	0.204 2	0.204 4	0.204 5	0.204 6
1.2	0.151 6	0.162 6	0.170 5	0.175 8	0.179 3	0.181 8	0.187 0	0.188 2	0.188 5	0.188 7	0.188 8
1.4	0.130 8	0.142 3	0.150 8	0.156 9	0.161 3	0.164 4	0.171 2	0.173 0	0.173 5	0.173 8	0.174 0
1.6	0.112 3	0.124 1	0.132 9	0.143 6	0.144 5	0.148 2	0.156 7	0.159 0	0.159 8	0.160 1	0.160 4
1.8	0.096 9	0.108 3	0.117 2	0.124 1	0.129 4	0.133 4	0.143 6	0.146 3	0.147 4	0.147 8	0.148 2
2.0	0.084 0	0.094 7	0.103 4	0.110 3	0.115 8	0.120 2	0.131 4	0.135 0	0.136 3	0.136 8	0.137 4

普通高等教育土木类专业"十四五"系列教材

续表 3-5

$n=z/b$	$m=l/b$										
	1.0	1.2	1.4	1.6	1.8	2.0	3.0	4.0	5.0	6.0	10.0
2.2	0.073 2	0.083 2	0.091 7	0.098 4	0.103 9	0.108 4	0.120 5	0.124 8	0.126 4	0.127 1	0.127 7
2.4	0.064 2	0.073 4	0.081 2	0.087 9	0.093 4	0.097 9	0.110 8	0.115 6	0.117 5	0.118 4	0.119 2
2.6	0.056 6	0.065 1	0.072 5	0.078 8	0.084 2	0.088 7	0.102 0	0.107 3	0.109 5	0.110 6	0.111 6
2.8	0.050 2	0.058 0	0.064 9	0.070 9	0.076 1	0.080 5	0.094 2	0.099 9	0.102 4	0.103 6	0.104 8
3.0	0.044 7	0.051 9	0.058 3	0.064 0	0.069 0	0.073 2	0.087 0	0.093 1	0.095 9	0.097 3	0.098 7
3.2	0.040 1	0.046 7	0.052 6	0.058 0	0.062 7	0.066 8	0.080 6	0.087 0	0.090 0	0.091 6	0.093 3
3.4	0.036 1	0.042 1	0.047 7	0.052 7	0.057 1	0.061 1	0.074 7	0.081 4	0.084 7	0.086 4	0.088 2
3.6	0.032 6	0.038 2	0.043 3	0.048 0	0.052 3	0.056 1	0.069 4	0.076 3	0.079 9	0.081 6	0.083 7
3.8	0.029 6	0.034 8	0.039 5	0.043 9	0.047 9	0.051 6	0.064 5	0.071 7	0.075 3	0.077 3	0.079 6
4.0	0.027 0	0.031 8	0.036 2	0.040 3	0.044 1	0.047 4	0.060 0	0.067 4	0.071 2	0.073 3	0.075 8
4.2	0.024 7	0.029 1	0.033 3	0.037 1	0.040 7	0.043 9	0.056 3	0.063 4	0.067 4	0.069 6	0.072 4
4.4	0.022 7	0.026 8	0.030 6	0.034 3	0.037 6	0.040 7	0.052 7	0.059 7	0.063 9	0.066 2	0.069 6
4.6	0.020 9	0.024 7	0.028 3	0.031 7	0.034 8	0.037 8	0.049 3	0.056 4	0.060 6	0.063 0	0.066 3
4.8	0.019 3	0.022 9	0.026 2	0.029 4	0.032 4	0.035 2	0.046 3	0.053 3	0.057 6	0.060 1	0.063 5
5.0	0.017 9	0.021 2	0.024 3	0.027 4	0.030 2	0.032 8	0.043 5	0.050 4	0.054 7	0.057 3	0.061 0
6.0	0.012 7	0.015 1	0.017 4	0.019 6	0.021 8	0.023 3	0.032 5	0.038 8	0.043 1	0.046 0	0.050 6
7.0	0.009 4	0.011 2	0.013 0	0.014 7	0.016 4	0.018 0	0.025 1	0.030 6	0.034 6	0.037 6	0.042 8
8.0	0.007 3	0.008 7	0.010 1	0.011 4	0.012 7	0.014 0	0.019 8	0.024 6	0.028 3	0.031 1	0.036 7
9.0	0.005 8	0.006 9	0.008 0	0.009 1	0.010 2	0.011 2	0.016 1	0.020 2	0.023 5	0.026 2	0.031 9
10.0	0.004 7	0.005 6	0.006 5	0.007 4	0.008 3	0.009 2	0.013 2	0.016 7	0.019 8	0.022 2	0.028 0

【例 3-3】均布荷载 $p=100 \text{ kN/m}^2$，荷载面积为 2 m×1 m，如图 3-14 所示，求荷载面积上角点 A、边点 E、中心点 O 以及荷载面积外 F 点和 G 点等各点下 $z=1$ m 深度处的附加应力，并利用计算结果说明附加应力的扩散规律。

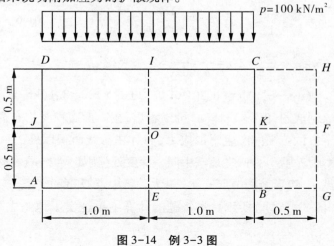

图 3-14　例 3-3 图

【解】A 点下的附加应力:

A 点是矩形 $ABCD$ 的角点,且 $m=l/b=2/1=2$;$n=z/b=1$,查表 3-5 得 $\alpha_c=0.1999$,故

$$\sigma_{zA}=\alpha_c P=0.1999\times100\approx20(kN/m^2)$$

E 点下的附加应力:

通过 E 点将矩形荷载面积划分为两个相等的矩形 $EADI$ 和 $EBCI$。求 $EADI$ 的角点竖向附加应力系数 α_c:$m=1$,$n=1$,查表得 $\alpha_c=0.1752$,故

$$\sigma_{zE}=2\alpha_c P=2\times0.1752\times100\approx35(kN/m^2)$$

O 点下的附加应力:

通过 O 点将原矩形面积分为 4 个相等的矩形 $OEAJ$、$OJDI$、$OICK$ 和 $OKBE$。求 $OEAJ$ 角点的竖向附加应力系数 α_c:

$$m=\frac{l}{b}=\frac{1}{0.5}=2;n=\frac{z}{b}=\frac{1}{0.5}=2$$

查表得 $\alpha_c=0.1202$,故

$$\sigma_{zO}=4\alpha_c p=4\times0.1202\times100=48.1(kN/m^2)$$

F 点下附加应力:

过 F 点作矩形 $FGAJ$、$FJDH$、$FGBK$ 和 $FKCH$。假设 α_{cI} 为矩形 $FGAJ$ 和 $FJDH$ 的角点应力系数;α_{cII} 为矩形 $FGBK$ 和 $FKCH$ 的角点应力系数。

求 α_{cI}: $m=\frac{l}{b}=\frac{2.5}{0.5}=5$;$n=\frac{z}{b}=\frac{1}{0.5}=2$,查表得 $\alpha_{cI}=0.1363$

求 α_{cII}: $m=\frac{l}{b}=\frac{0.5}{0.5}=1$;$n=\frac{z}{b}=\frac{1}{0.5}=2$,查表得 $\alpha_{cII}=0.0840$

故 $$\sigma_{zF}=2(\alpha_{cI}-\alpha_{cII})p=2(0.1363-0.0840)\times100=10.5(kN/m^2)$$

G 点下附加应力:

通过 G 点作矩形 $GADH$ 和 $GBCH$,并分别求出它们的角点应力系数 α_{cI} 和 α_{cII}。

求 α_{cI}: $m=\frac{l}{b}=\frac{2.5}{1}=2.5$;$n=\frac{z}{b}=\frac{1}{1}=1$,查表得 $\alpha_{cI}=0.2016$。

求 α_{cII}: $m=\frac{l}{b}=\frac{1}{0.5}=2$;$n=\frac{z}{b}=\frac{1}{0.5}=2$,查表得 $\alpha_{cII}=0.1202$。

故 $$\sigma_{zG}=(\alpha_{cI}-\alpha_{cII})p=(0.2016-0.1202)\times100=8.1(kN/m^2)$$

将计算结果绘制成图,由图 3-15(a)可以看出,在矩形面积受均布荷载作用时,不仅在受荷面积垂直下方的范围内产生附加应力,而且在荷载面积以外的地基土中(F、G 点下方)也会产生附加应力。另外,在地基中同一深度处(例如 $z=1$ m),离受荷面积中线越远的点,其 σ_z 值越小,矩形面积中点处 σ_{zO} 最大。将中点 O 下和 F 点下不同深度的 σ_z 求出并绘成曲线,如图 3-15(b)所示。本例题的计算结果证实了地基中附加应力的扩散规律。

普通高等教育土木类专业"十四五"系列教材

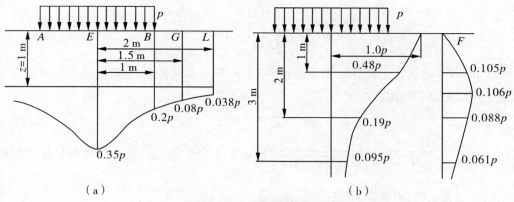

图 3-15 例题计算结果

3.4.3 矩形面积受竖直三角形分布荷载作用时角点下的附加应力

矩形基底受竖直三角形分布荷载作用时,把荷载强度为零的角点 O 作为坐标原点,同样可利用公式 $\sigma_z = \dfrac{3p}{2\pi} \cdot \dfrac{z^3}{R^5}$ 沿着整个面积积分来求解,如图 3-16 所示。

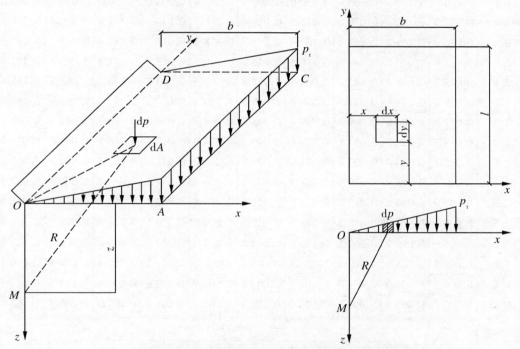

图 3-16 矩形面积三角形分布荷载下地基中附加应力的计算

若矩形基底上三角形荷载的最大强度为 p_t,则微分面积 $dxdy$ 上的作用力 $dp = \dfrac{p_t}{b}dxdy$ 可作为集中力看待,于是角点 O 以下任意深度 z 处,由于该集中力所引起的竖向附加应力为

$$\mathrm{d}\sigma_z = \frac{3p_t}{2\pi B} \cdot \frac{1}{\left[1+\left(\frac{R}{z}\right)^2\right]^{5/2}} \cdot \frac{x\mathrm{d}x\mathrm{d}y}{z^2}$$

将 $R^2 = x^2 + y^2$ 代入上式并沿整个底面积积分,即可得到矩形基底受竖直三角形分布荷载作用时角点下的附加应力为

$$\sigma_z = \alpha_t \cdot p_t' \tag{3-12}$$

式中,$\alpha_t = \dfrac{mn}{2\pi}\left[\dfrac{1}{\sqrt{m^2+n^2}} - \dfrac{n^2}{(1+n^2)\sqrt{1+m^2+n^2}}\right]$ 为矩形基底受竖直三角形分布荷载作用时的

竖向附加应力系数,可查表 3-6,$m = \dfrac{l}{b}$,$n = \dfrac{z}{b}$。

表 3-6　矩形面积上竖直三角形分布荷载作用下的竖向附加应力系数 α_{t1}、α_{t2}

| $n=z/b$ | $m=l/b$ | | | | | | | | | |
| | 0.2 | | 0.4 | | 0.6 | | 0.8 | | 1.0 | |
	1点	2点	1点	2点	1点	2点	1点	2点	1点	2点
0.0	0.000 0	0.250 0	0.000 0	0.250 0	0.000 0	0.250 0	0.000 0	0.250 0	0.000 0	0.250 0
0.2	0.022 3	0.182 1	0.028 0	0.211 5	0.029 6	0.216 5	0.030 1	0.217 8	0.030 4	0.218 2
0.4	0.026 9	0.109 4	0.042 0	0.160 4	0.048 7	0.178 1	0.051 7	0.184 4	0.053 1	0.187 0
0.6	0.025 9	0.070 0	0.044 8	0.116 5	0.056 0	0.140 5	0.062 1	0.152 0	0.065 4	0.157 5
0.8	0.023 2	0.048 0	0.042 1	0.085 1	0.055 3	0.109 3	0.063 7	0.123 2	0.068 8	0.131 1
1.0	0.020 1	0.034 6	0.037 5	0.063 8	0.050 8	0.080 5	0.060 2	0.099 6	0.066 6	0.108 6
1.2	0.017 1	0.026 0	0.032 4	0.049 1	0.045 0	0.067 3	0.054 6	0.080 7	0.061 5	0.090 1
1.4	0.014 5	0.020 2	0.027 8	0.038 6	0.039 2	0.054 0	0.048 3	0.066 1	0.055 4	0.075 1
1.6	0.012 3	0.016 0	0.023 8	0.031 0	0.033 9	0.044 0	0.042 4	0.054 7	0.049 2	0.062 8
1.8	0.010 5	0.013 0	0.020 4	0.025 4	0.029 4	0.036 3	0.037 1	0.045 7	0.043 5	0.053 4
2.0	0.009 0	0.010 8	0.017 6	0.021 1	0.025 5	0.030 4	0.032 4	0.038 7	0.038 4	0.045 6
2.5	0.006 3	0.007 2	0.012 5	0.014 0	0.018 3	0.020 5	0.023 6	0.026 5	0.028 4	0.031 8
3.0	0.004 6	0.005 1	0.009 2	0.010 0	0.013 5	0.014 8	0.017 6	0.019 2	0.021 4	0.023 3
5.0	0.001 8	0.001 9	0.003 6	0.003 6	0.005 4	0.005 6	0.007 1	0.007 4	0.008 8	0.009 1
7.0	0.000 9	0.001 0	0.001 9	0.001 9	0.002 8	0.002 9	0.003 8	0.003 8	0.004 7	0.004 7
10.0	0.000 5	0.000 4	0.000 9	0.001 0	0.001 4	0.001 4	0.001 9	0.001 9	0.002 3	0.002 4

| $n=z/b$ | $m=l/b$ | | | | | | | | | |
| | 1.2 | | 1.4 | | 1.6 | | 1.8 | | 2.0 | |
	1点	2点	1点	2点	1点	2点	1点	2点	1点	2点
0.0	0.000 0	0.250 0	0.000 0	0.250 0	0.000 0	0.250 0	0.000 0	0.250 0	0.000 0	0.250 0
0.2	0.030 5	0.218 4	0.030 5	0.218 5	0.030 6	0.218 5	0.030 6	0.218 5	0.030 6	0.218 5
0.4	0.053 9	0.188 1	0.054 3	0.188 6	0.054 5	0.188 9	0.054 6	0.189 1	0.054 7	0.189 2

普通高等教育土木类专业"十四五"系列教材

续表 3-6

$n=z/b$	$m=l/b$									
	1.2		1.4		1.6		1.8		2.0	
	1 点	2 点	1 点	2 点	1 点	2 点	1 点	2 点	1 点	2 点
0.6	0.067 3	0.160 2	0.068 4	0.161 6	0.069 0	0.162 5	0.069 4	0.163 0	0.069 6	0.163 3
0.8	0.072 0	0.135 5	0.073 9	0.138 1	0.075 1	0.139 6	0.075 9	0.140 5	0.076 4	0.141 2
1.0	0.070 8	0.114 3	0.073 5	0.117 6	0.075 3	0.120 2	0.076 6	0.121 5	0.077 4	0.122 5
1.2	0.066 4	0.096 2	0.069 8	0.100 7	0.072 1	0.103 7	0.073 8	0.105 5	0.074 9	0.106 9
1.4	0.060 6	0.081 7	0.064 4	0.086 4	0.067 2	0.089 7	0.069 2	0.092 1	0.070 7	0.093 7
1.6	0.054 5	0.069 6	0.058 6	0.074 3	0.061 6	0.078 0	0.063 9	0.080 6	0.065 6	0.082 6
1.8	0.048 7	0.059 6	0.052 8	0.064 4	0.056 0	0.068 1	0.058 5	0.070 9	0.060 4	0.073 0
2.0	0.043 4	0.051 3	0.047 4	0.056 0	0.050 7	0.059 6	0.053 3	0.062 5	0.055 3	0.064 9
2.5	0.032 6	0.036 5	0.036 2	0.040 5	0.039 3	0.044 0	0.041 9	0.046 9	0.044 0	0.049 1
3.0	0.024 9	0.027 0	0.028 0	0.030 3	0.030 7	0.033 3	0.033 1	0.035 9	0.035 2	0.038 0
5.0	0.010 4	0.010 8	0.012 0	0.012 3	0.013 5	0.013 9	0.014 8	0.015 4	0.016 1	0.016 7
7.0	0.005 6	0.005 6	0.006 4	0.006 6	0.007 3	0.007 4	0.008 1	0.008 3	0.008 9	0.009 1
10.0	0.002 8	0.002 8	0.003 3	0.003 2	0.003 7	0.003 7	0.004 1	0.004 2	0.004 6	0.004 6

$n=z/b$	$m=l/b$									
	3.0		4.0		6.0		8.0		10.0	
	1 点	2 点	1 点	2 点	1 点	2 点	1 点	2 点	1 点	2 点
0.0	0.000 0	0.250 0	0.000 0	0.250 0	0.000 0	0.250 0	0.000 0	0.250 0	0.000 0	0.250 0
0.2	0.030 6	0.218 6	0.030 6	0.218 6	0.030 6	0.218 6	0.030 6	0.218 6	0.030 6	0.218 6
0.4	0.054 8	0.189 4	0.054 9	0.189 4	0.054 9	0.189 4	0.054 9	0.189 4	0.054 9	0.189 4
0.6	0.070 1	0.163 8	0.070 2	0.163 9	0.070 2	0.164 0	0.070 2	0.164 0	0.070 2	0.164 0
0.8	0.077 3	0.142 3	0.077 6	0.142 4	0.077 6	0.142 6	0.077 6	0.142 6	0.077 6	0.142 6
1.0	0.079 0	0.124 4	0.079 4	0.124 8	0.079 5	0.125 0	0.079 6	0.125 0	0.079 6	0.125 0
1.2	0.077 4	0.109 6	0.077 9	0.110 3	0.078 2	0.110 5	0.078 3	0.110 5	0.078 3	0.110 5
1.4	0.073 9	0.097 3	0.074 8	0.098 6	0.075 2	0.098 6	0.075 3	0.098 7	0.075 3	0.098 7
1.6	0.069 7	0.087 0	0.070 8	0.088 2	0.071 4	0.088 7	0.071 5	0.088 8	0.071 5	0.088 9
1.8	0.065 2	0.078 2	0.066 6	0.079 7	0.067 3	0.080 5	0.067 5	0.080 6	0.067 5	0.080 8
2.0	0.060 7	0.070 7	0.062 4	0.072 6	0.063 4	0.073 4	0.063 6	0.073 6	0.063 6	0.073 8
2.5	0.050 4	0.055 9	0.052 9	0.058 5	0.054 3	0.060 1	0.054 7	0.060 4	0.054 8	0.060 5
3.0	0.041 9	0.045 1	0.044 9	0.048 2	0.046 9	0.050 4	0.047 4	0.050 9	0.047 6	0.051 1
5.0	0.021 4	0.022 1	0.024 8	0.025 6	0.025 3	0.029 0	0.029 6	0.030 3	0.030 1	0.030 9
7.0	0.012 4	0.012 6	0.015 2	0.015 4	0.018 6	0.019 0	0.020 4	0.020 7	0.021 2	0.021 6
10.0	0.006 6	0.006 6	0.008 4	0.008 3	0.011 1	0.011 1	0.012 3	0.013 0	0.013 9	0.014 1

注:α_{t1}、α_{t2}为三角形荷载竖向附加应力系数,α_{t1}为三角形荷载零角点下的竖向附加应力系数;α_{t2}为三角形荷载最大值角点下的竖向附加应力系数。根据$m=l/b$和$n=z/b$由表3-6查得α_{t1}、α_{t2}。其中b为承载面积沿荷载呈三角形分布方向的边长。

应用均布和三角形分布荷载的角点公式及叠加原理,可以求得矩形承载面积上的三角形和梯形荷载作用下地基内任意一点的附加应力。

3.4.4 平面问题的附加应力计算

当一定宽度的无限长条面积承受均布荷载时,在土中垂直于长度方向的任一截面附加应力分布规律均相同,且在长条延伸方向的地基的应变和位移均为零,这类问题称为平面问题。对此类问题,只要算出任一截面上的附加应力,即可代表其他平行截面。

实际建筑中并没有无限长的荷载面积。研究表明,当基础的长度比$l/b \geqslant 10$时,计算的地基附加应力值与按$l/b = \infty$时的解相差甚微。因此墙基、路基、挡土墙基础等均可按平面问题计算地基中的附加应力。

(1)均布竖向线荷载

在均布竖向线荷载p作用于地表面时,地基中任意点M的附加应力解答由弗拉曼首先得到,故称弗拉曼解。如图3-17所示,在线荷载上取微分长度$\mathrm{d}y$,作用在上面的荷载$p\mathrm{d}y$可看作集中力,则在地基内M点引起的附加应力为$\mathrm{d}\sigma_z = \dfrac{3p}{2\pi} \cdot \dfrac{z^3}{R^5}\mathrm{d}y$,则:

$$\sigma_z = \int_{-\infty}^{+\infty} \frac{3z^3 p}{2\pi(x^2+y^2+z^2)^{5/2}}\mathrm{d}y = \frac{2pz^3}{\pi(x^2+y^2)} \tag{3-13}$$

实际意义上的线荷载是不存在的,可以将其看作条形面积在宽度趋于零时的特殊情况,以该解答为基础,通过积分可求解各类平面问题地基中的附加应力。

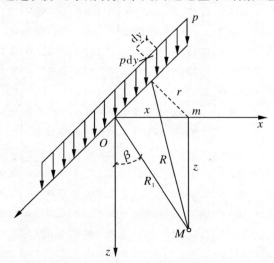

图3-17 均布竖向线荷载下地基附加应力

普通高等教育土木类专业"十四五"系列教材

（2）均布竖向条形荷载

当宽度为 b 的条形基础上作用有均布荷载 p 时,取宽度 b 的中点作为坐标原点(图 3-18),则地基中某点的竖向附加应力可由式(3-14)进行积分求得:

$$\sigma_z = \frac{p}{\pi}\left[\arctan\frac{m}{n} + \frac{mn}{m^2+n^2} - \arctan\frac{m-1}{n} - \frac{n(m-1)}{n^2+(m-1)^2}\right] = \alpha_s \cdot p \qquad (3-14)$$

式中,$m=x/b$,$n=z/b$;α_s 为条形基础上作用垂直荷载时的竖向附加应力系数,查表 3-7 可得。

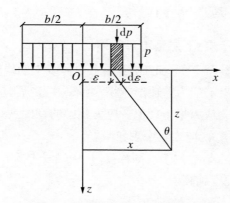

图 3-18　均布竖向条形荷载下地基附加应力

表 3-7　均布竖向条形荷载作用下竖向附加应力系数 α_s

$n=z/b$	$m=x/b$					
	0.00	0.25	0.50	1.00	1.50	2.00
0.00	1.00	1.00	0.50	0.00	0.00	0.00
0.25	0.96	0.90	0.50	0.02	0.00	0.00
0.50	0.82	0.74	0.48	0.08	0.02	0.00
0.75	0.67	0.61	0.45	0.15	0.04	0.02
1.00	0.55	0.51	0.41	0.19	0.07	0.03
1.25	0.46	0.44	0.37	0.20	0.10	0.04
1.50	0.40	0.38	0.33	0.21	0.11	0.06
1.75	0.35	0.34	0.30	0.21	0.13	0.07
2.00	0.31	0.31	0.28	0.20	0.14	0.08
3.00	0.21	0.21	0.20	0.17	0.13	0.10
4.00	0.16	0.16	0.15	0.14	0.12	0.10
5.00	0.13	0.13	0.12	0.12	0.11	0.09
6.00	0.11	0.10	0.10	0.10	0.10	—

3.5 非均质地基中的附加应力

前述地基中的附加应力计算,都是按弹性理论把地基视为均质、各向同性的线弹性体。而实际工程中地基条件与计算假定并不完全相同,因而计算出的应力与实际应力有一定差别。下面主要讨论双层地基中的附加应力的分布。

3.5.1 上层软弱下层坚硬的情况

上层为松软的可压缩土层,下层是不可压缩层,即 $E_2 > E_1$(E_1 为上层土的弹性模具,E_2 为下层土的弹性模量,图3-19)。此时,上层土中荷载中轴线附近的附加应力 σ_z 将比均质土体时增大;离开中轴线,应力差逐渐减小,至某一距离后,应力又将小于均匀半无限体时的应力。这种现象称为应力集中现象。应力集中的程度主要与荷载宽度 b 与压缩层厚度 H 有关,随着 H/b 的增大,应力集中现象减弱。

图3-20为条形荷载下,岩层位于不同深度时,中轴线上的 σ_z 的分布。可以看出 H/b 的比值越小,应力集中的程度越高。

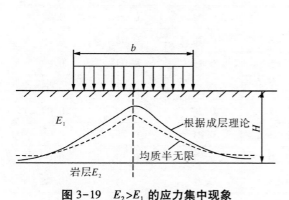

图 3-19 $E_2 > E_1$ 的应力集中现象

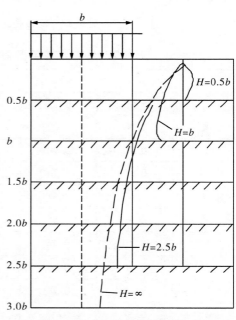

图 3-20 岩层位于不同深度时基础中点下 σ_z

3.5.2 上层坚硬下层软弱的情况

当地基的上层土为坚硬土层,下层为软弱土层,即 $E_1 > E_2$ 时,将出现硬层下面,荷载中轴线附近附加应力减小的应力扩散现象,如图3-21所示。应力扩散的结果使应力分

普通高等教育土木类专业"十四五"系列教材

布比较均匀,从而使地基沉降也趋于均匀。

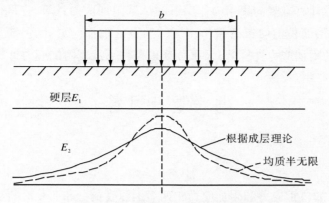

图 3-21　$E_1 > E_2$ 时的应力扩散现象

本 章 小 结

土中应力分为自重应力和附加应力。由土体自身重量所产生的应力称为自重应力,对稳定土体来说,自重应力不会使土体产生变形和沉降。附加应力是建筑物及其外荷载引起的应力增量,它是使地基失去稳定和产生变形的主要原因。

自重应力计算式: $\sigma_{cz} = \sum_{i=1}^{n} \gamma_i h_i$ 。

自重应力分布规律:地面处自重应力为零,随深度增加,自重应力增加。

平面形状为矩形的刚性基础的基底压力的计算式及分布规律:

中心荷载作用下的基底压力, $p = \dfrac{F+G}{A}$,基底压力分布图为矩形。

偏心荷载作用下的基底压力, $\genfrac{}{}{0pt}{}{p_{max}}{p_{min}} = \dfrac{F+G}{bl}\left(1 \pm \dfrac{6e}{l}\right)$:

当合力偏力矩 $0 < e < \dfrac{l}{6}$ 时,基底压力呈梯形分布;

当合力偏力矩 $e = \dfrac{l}{6}$ 时, $p_{min} = 0$,基底压力呈三角形分布;

当 $e > \dfrac{l}{6}$ 时,则 $p_{min} < 0$,意味着基底一侧出现拉应力,其最大应力值为

$$p_{max} = \frac{2(F+G)}{3ba}$$

建筑物基础一般都有一定埋深,建筑物修建时进行的基坑开挖,减小了地基原有的自重应力,因此应在基底压力中扣除基底标高处原有土的自重应力,才是基础底面下真正施

加于地基的压力,称为基底附加压力。

土中附加应力计算有竖向集中力作用下的地基附加应力计算;空间问题条件下地基附加应力计算(矩形面积上均布荷载作用下的角点处附加应力计算,矩形面积上三角形分布荷载作用下的附加应力计算等)及平面问题条件下地基附加应力计算。

思考题与习题

思考题

3-1 何谓土的自重应力和附加应力? 两者沿深度的分布有什么特点?

3-2 计算土中自重应力时为什么要从天然地面算起?

3-3 计算基底压力有何实用意义? 如何计算中心及偏心荷载作用下的基底压力?

3-4 如何计算基底处土的自重应力和附加应力?

3-5 竖直偏心荷载基底压力分布形式有哪几种?

3-6 地下水对自重应力是否有影响? 水位以下自重应力计算采用什么重度?

3-7 自重应力在任何情况下都不引起地基沉降吗? 为什么?

3-8 何为角点法? 如何应用角点法计算基底下任意点的附加应力?

3-9 角点下某一深度处附加应力是否等于中点下同一深度处附加应力的 1/4? 为什么?

习题

3-1 土层的分布如图 3-22 所示,计算土层的自重应力,并绘制自重力的分布图。

3-2 绘出图 3-23 所示自重应力分布图及作用在基岩层面处的水土总压力。

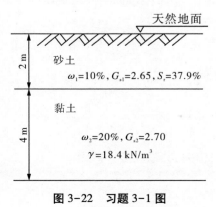

图 3-22 习题 3-1 图

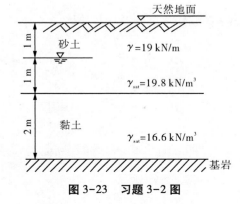

图 3-23 习题 3-2 图

3-3 作用于地面上 4 m×6 m 矩形面积上的均匀荷载为 p,求深度为 7.0 m 和 14.0 m 时,均匀矩形面积中点下和角点下的附加应力。

普通高等教育土木类专业"十四五"系列教材

3-4　在图 3-24 所示的矩形面积 $ABCD$ 上,作用均布荷载 $p = 150\ \text{kPa}$,求 H 点下深处为 2 m 处的附加应力 σ_z。

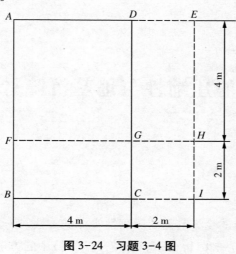

图 3-24　习题 3-4 图

第 4 章　土的压缩性与地基沉降计算

【学习目的和要求】

掌握用土的压缩固结试验测定土的压缩性指标的方法,按分层总和法和《建筑地基基础设计规范》(GB 50007—2011)(简称《规范》,下同)中的方法计算最终沉降量;能够正确使用教材的图表计算附加应力;了解通过地基载荷试验确定变形模量的方法;了解太沙基一维固结理论及变形和时间的关系。

【学习内容】

1. 掌握土的压缩性和压缩性指标的概念,掌握压缩试验方法。
2. 掌握沉降计算原理,应用分层总和法和规范法分别计算基础总沉降。
3. 通过太沙基一维固结模型,描述饱和土体渗透固结的概念,掌握有效应力原理。
4. 理解基础沉降与时间的关系,掌握固结度的概念,了解其计算过程。

【重点与难点】

重点:用压缩试验方法、分层总和法计算地基沉降。

难点:太沙基一维固结理论的内容及应用。

土是松散的三相体系,具有压缩性。在荷载作用下,地基中产生附加应力,引起地基变形(主要是竖向变形),建筑物基础随之沉降。如果地基土各部分的竖向变形不相同,则在基础的不同部位会产生沉降差,使建筑物基础发生不均匀沉降。基础的沉降量或沉降差(不均匀沉降)过大不但会降低建筑物的使用价值,而且会造成建筑物的毁坏。为了保证建筑物的安全和正常使用,我们必须预先对建筑物基础可能产生的最大沉降量和沉降差进行估算。

普通高等教育土木类专业"十四五"系列教材

4.1　土的压缩性

土在压力作用下体积减小的特性称为土的压缩性。土的压缩性通常由三部分组成：①固体土颗粒被压缩；②土中水及封闭气体被压缩；③水和气体从孔隙中被挤出。固体颗粒和水的压缩量是微不足道的，在一般压力作用下，固体颗粒和水的压缩量与土的总压缩量之比可完全忽略不计。所以土的压缩可看作是土中水和气体从孔隙中被挤出，与此同时，土颗粒相应发生移动，重新排列，靠拢挤密，从而土孔隙体积减小，土体压缩。

4.1.1　侧限压缩试验和压缩曲线

4.1.1.1　侧限压缩

土力学中利用压缩试验来研究土的压缩特性。该试验在压缩仪（或固结仪）中完成，如图4-1所示。用金属环刀切取保持天然结构的原状土样，并置于圆筒形压缩容器的刚性护环内，土样上下各垫有一块透水石，土样受压后土中水可以自由排出。由于金属环刀和刚性护环的限制，土样在压力作用下只可能发生竖向压缩，而无侧向变形，因此又称为侧限压缩试验。土样在天然状态下或经人工饱和后，进行逐级加压固结（一般按 $p = 50$ kPa、100 kPa、200 kPa、300 kPa、400kPa 五级加荷），测定各级压力 p 作用下土样压缩稳定后的孔隙比变化。

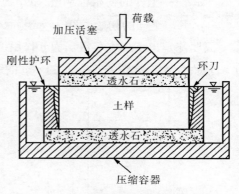

图 4-1　侧限压缩试验装置

4.1.1.2　压缩曲线（e-p 曲线）

设土样的初始高度为 H_0，受压后土样高度为 H，s 为压力 p 作用下土样压缩稳定后的变形量，即 $H_0 = H + s$。根据土的孔隙比的定义，假设土粒体积 $V_s = 1$，则土样孔隙体积 V 在受压前相应于初始孔隙比 e_0，在受压后相应于孔隙比 e（图4-2）。

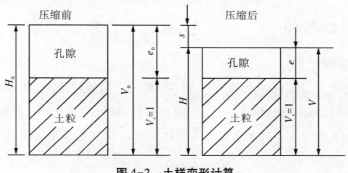

图 4-2　土样变形计算

65

为求土样压缩稳定后的孔隙比 e,利用受压前后土粒体积不变和土样横截面积不变的两个条件(见图 4-2),得出下式:

$$\frac{1+e_0}{H_0}=\frac{1+e}{H} \qquad (4-1)$$

将 $H=H_0-s$ 代入式(4-1),并整理得

$$e=e_0-\frac{s}{H_0}(1+e_0) \qquad (4-2)$$

式中　e_0——$e_0=\dfrac{(1+\omega_0)d_s\rho_\omega\rho_0}{\rho_0}-1$;

　　　　d_s——土粒相对密度,g/cm^3;

　　　　ρ_ω——水的密度,g/cm^3;

　　　　ω_0——土样的初始含水量,以小数计;

　　　　ρ_0——土样的初始密度,g/cm^3。

只要测定出土样在各级压力 p 作用下的稳定压缩量 s,就可按上式计算出相应的孔隙比 e,从而绘制出如图 4-3 所示的 $e-p$ 曲线,该曲线称为压缩曲线。

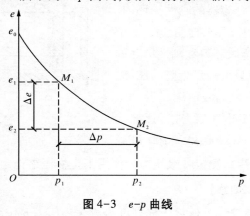

图 4-3　$e-p$ 曲线

常规试验中,一般按 $p=50\ kPa$、$100\ kPa$、$200\ kPa$、$300\ kPa$、$400\ kPa$ 五级加载,测定各级压力下的稳定变形量 s,然后由式(4-2)计算相应的孔隙比 e。

4.1.2　压缩性指标

4.1.2.1　压缩系数

压缩性不同的土,其 $e-p$ 曲线的形状是不一样的。曲线越陡,说明在相同的压力增量作用下,土的孔隙比减少得越显著,因而土的压缩性越高。所以,$e-p$ 曲线上任一点的切线斜率 a 就表示了相应于压力 p 作用下土的压缩性,a 为土的压缩系数,即

$$a=-\frac{\mathrm{d}e}{\mathrm{d}p} \qquad (4-3)$$

在如图 4-3 所示的压缩曲线中,当压力由 p_1 增至 p_2 时,相应的孔隙比由 e_1 减小到 e_2,则与应力增量 $\Delta p = p_2-p_1$ 对应的孔隙比变化为 $\Delta e=e_1-e_2$。此时,土的压缩性可用图中割线 M_1M_2 的斜率表示。则

$$a=\frac{e_1-e_2}{p_2-p_1}=-\frac{\Delta e}{\Delta p} \tag{4-4}$$

式中　a——土的压缩系数,kPa^{-1} 或 MPa^{-1};

　　　p_1——增压前使试样压缩稳定的压力强度,一般是指地基某深度处土中原有竖向自重应力,kPa;

　　　p_2——增压后使试样压缩稳定的压力强度,地基某深度处土中自重应力与附加应力之和,kPa;

　　　e_1——相应于 p_1 作用下压缩稳定后的孔隙比;

　　　e_2——相应于 p_2 作用下压缩稳定后的孔隙比。

为了便于应用和比较,通常采用压力间隔由 $p_1=100$ kPa 增加到 $p_2=200$ kPa 时所得的压缩系数 a_{1-2} 来评定土的压缩性。《建筑地基基础设计规范》(GB 50007—2011)按照 a_{1-2} 的大小将地基土的压缩性分为以下三类:

当 $a_{1-2}<0.1$ MPa^{-1} 时,为低压缩性土;

当 0.1 $MPa^{-1} \leqslant a_{1-2}<0.5$ MPa^{-1} 时,为中压缩性土;

当 $a_{1-2}\geqslant 0.5$ MPa^{-1} 时,为高压缩性土。

在工程实际中,p_1 相当于地基土所受到的竖向自重应力,p_2 相当于地基土所受到的竖向自重应力与建筑物荷载在地基中产生的应力之和。因此,p_2-p_1 即为地基土所受到的附加应力。

4.1.2.2　压缩模量

除了采用压缩系数作为土的压缩性指标外,工程上还常采用压缩模量作为土的压缩性指标,它指土在侧限条件下的竖向附加压应力与相应的应变增量之比值。土的压缩模量 E_s 可根据下式计算:

$$E_s=\frac{1+e_1}{a} \tag{4-5}$$

式中　E_s——土的压缩模量,MPa;

　　　a——土的压缩系数,MPa^{-1};

　　　e_1——相应于 p_1 作用下压缩稳定后的孔隙比。

压缩模量 E_s 也是土的一个重要的压缩性指标,与压缩系数成反比。E_s 越大,a 越小,土的压缩性越低。

一般:当 $E_s<4$ MPa 时,为高压缩性土;

当 $E_s=4\sim15$ MPa 时,为中压缩性土;

当 $E_s>15$ MPa 时,为低压缩性土。

4.1.2.3 变形模量

土的压缩性指标除了由室内压缩试验测定外,还可以通过现场载荷试验确定。变形模量 E_0 是土在无侧限条件下由现场静载荷试验确定的,表示土在侧向自由变形条件下竖向应力与竖向总应变之比。其物理意义与材料力学中的杨氏弹性模量相同,只是土的总应变中既有弹性应变又有部分不可恢复的塑性应变,因此称之为变形模量。

现场静载荷试验测定的变形模量 E_0 与室内侧限压缩试验测定的压缩模量 E_s 有如下关系:

$$E_0 = \beta E_s \qquad (4-6)$$

式中 β——与土的泊松比 μ 有关的系数。

$$\beta = 1 - \frac{2\mu^2}{1-\mu} \qquad (4-7)$$

由于土的泊松比的变化范围一般在 $0 \sim 0.5$,所以 $\beta \leqslant 1.0$,即 $E_0 \leqslant E_s$。然而,由于土的变形性质不能完全由线弹性常数来概括,因而由不同的试验方法测得的 E_0 和 E_s 之间的关系,往往不一定符合式(4-6)。对硬土,其 E_0 可能较 βE_s 大数倍;而对软土,E_0 和 βE_s 则比较接近。

4.2 地基最终沉降量的计算

地基表面的竖向变形,称为地基沉降或基础沉降。地基最终沉降量是指地基在建筑物荷载作用下最后的稳定沉降量。计算地基最终沉降量的目的在于确定建筑物最大沉降量、沉降差和倾斜,并将其控制在允许范围内,以保证建筑物的安全和正常使用。

计算地基变形时,传至基础底面上的荷载效应应按正常使用极限状态下荷载效应的准永久组合,不计入风荷载和地震作用,相应的限值为地基变形永久值。

目前计算地基最终沉降量的常用方法为分层总和法和《建筑地基基础设计规范》(GB 50007—2011)推荐方法(简称规范法)。

4.2.1 分层总和法

分层总和法将地基沉降计算深度范围内的土层划分为若干层,分别计算各分层的压缩量,然后求其总和,即得基础最终沉降量。

4.2.1.1 基本假定

(1)地基中附加应力按均质地基考虑,采用弹性理论计算。

(2)假定地基受压后不发生侧向变形,土层在竖向附加应力作用下只产生竖向变形,故可采用室内压缩试验测定的压缩指标计算土层变形量。

(3)为了弥补由于忽略地基土侧向变形而对计算结果造成的误差,通常取基底中心点下的计地基附加应力进行计算,以基底中点的沉降代表基础的平均沉降。

(4)各分层土层变形量之和即为地基最终沉降量。

普通高等教育土木类专业"十四五"系列教材

4.2.1.2 基本公式

在厚度为 H_1 的土层上面施加连续均匀荷载,如图 4-4 所示,由上述假定,土层在竖直方向产生压缩变形,而没有侧向变形,从土的侧限压缩试验曲线可知,竖向应力由 p_1 增加到 p_2,将引起土的孔隙比从 e_1 减小到 e_2,参考式(4-1)可得

$$H_2 = \frac{1+e_2}{1+e_1}H_1 \tag{4-8}$$

式中 H_1、H_2——压缩前、后土层厚度;

e_1、e_2——土体受压前、后的稳定孔隙比。

由 $s = H_1 - H_2$,得

$$s = \frac{e_1 - e_2}{1+e_1}H_1 \tag{4-9}$$

亦可写成

$$s = \frac{a}{1+e_1}(p_2 - p_1)H = \frac{\Delta p}{E_s}H \tag{4-10}$$

式中 s——地基最终沉降量,mm;

a——压缩系数;

E_s——压缩模量;

H——土层的厚度;

Δp——土层厚度内的平均附加应力,$\Delta p = p_2 - p_1$。

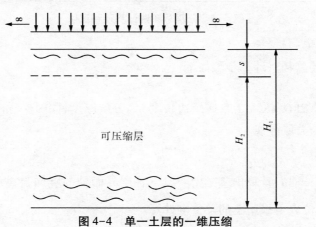

图 4-4 单一土层的一维压缩

如图 4-5 所示的地基及应力分布,可采用分层总和法计算沉降,即分别计算基础中心点下地基中各个分土层的压缩变形量 Δs_i,最后将各分层的沉降量总和起来即为地基的最终沉降量:

$$s = \sum_{i=1}^{n} \Delta s_i = \sum_{i=1}^{n} \varepsilon_i H_i \tag{4-11}$$

$$\varepsilon_i = \frac{e_{1i} - e_{2i}}{1+e_{2i}} = \frac{a_i(p_{2i} - p_{1i})}{1+e_{1i}} = \frac{\Delta p_i}{E_{si}} \tag{4-12}$$

式中　e_{1i}——第 i 层土的自重应力均值 $\dfrac{\sigma_{c(i-1)}+\sigma_{ci}}{2}$ 从土的压缩曲线上得到的相应孔隙比；

　　　e_{2i}——第 i 层土的自重应力均值 $\dfrac{\sigma_{c(i-1)}+\sigma_{ci}}{2}$ 与附加应力均值 $\dfrac{\sigma_{z(i-1)}+\sigma_{zi}}{2}$ 之和从土的

　　　　　压缩曲线上得到的相应孔隙比；

　　　H_i——第 i 层土的厚度；

　　　n——压缩层范围内土层分层数目。

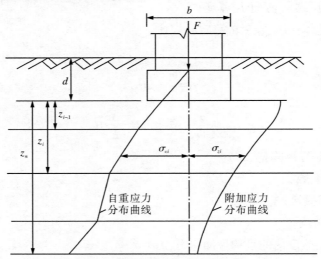

图 4-5　分层总和法计算地基沉降

4.2.1.3　计算步骤

单向压缩分层总和法计算步骤如下：

（1）分层

分层的原则是以 $0.4b$（b 为基底短边长度）为分层厚度，同时必须将土的自然分层处和地下水位处作为分层界线。

（2）计算自重应力

按公式 $\sigma_{cz}=\sum\limits_{i=1}^{n}\gamma_i h_i$ 计算出基础中心以下各层界面处的竖向自重应力。自重应力从地面算起，地下水位以下采用土的浮重度计算。

（3）计算附加应力

计算出基础中心以下各层界面处的附加应力。附加应力应从基础底面算起。

（4）确定地基沉降计算深度 z_n

沉降计算深度 z_n 是指由基础底面向下计算压缩变形所要求的深度。从理论上讲，在无限深度处仍有微小的附加应力，仍能引起地基的变形。考虑在一定的深度处，附加应力已很小，它对土体的压缩作用已不大，可以忽略不计。因此在实际工程计算中，一般取附加应力与自重应力的比值为 20% 处，即取 $\sigma_z=0.2\sigma_{cz}$ 处的深度作为沉降计算深度的下限，对于软土，应加深至 $\sigma_z=0.1\sigma_{cz}$。在沉降计算深度范围内存在基岩时，z_n 可取至基岩表面为止。

（5）计算各分层沉降量

计算各层土的平均自重应力 $\overline{\sigma}_{czi}=\dfrac{\sigma_{cz(i-1)}+\sigma_{czi}}{2}$ 和平均附加应力 $\overline{\sigma}_{zi}=\dfrac{\sigma_{z(i-1)}+\sigma_{zi}}{2}$，再根据 $p_{1i}=\overline{\sigma}_{czi}$ 和 $p_{2i}=\overline{\sigma}_{czi}+\overline{\sigma}_{zi}$，分别由 e-p 压缩曲线确定相应的初始孔隙比 e_{1i} 和压缩稳定以后的孔隙比 e_{2i}，则任一分层的沉降量可按下式计算：

$$\Delta s_i=\frac{e_{1i}-e_{2i}}{1+e_{2i}}H \tag{4-13}$$

（6）计算最终沉降

按式（4-11）即可计算出基础中点的理论最终沉降，视为基础的平均沉降。

【拓展阅读】

地基沉降问题是一部跨越百年的奋斗史，土木工程师如何对抗地基沉降？扫描二维码可了解上海地区 1930 年以来对沉降问题认识的曲折过程。

地基沉降问题

4.2.2　规范法

在总结大量实践经验的基础上，对分层总和法的计算结果，做必要的修正。根据各向同性均质线性变形体理论，《建筑地基基础设计规范》（GB 50007—2011）提出另一种计算方法，简称规范法。该方法仍然采用前述分层总和法的假设前提，但在计算中引入平均附加应力系数的概念，并引入一个沉降计算经验系数 ψ_s，使得计算成果更接近实测值，规范法计算地基沉降见图 4-6。

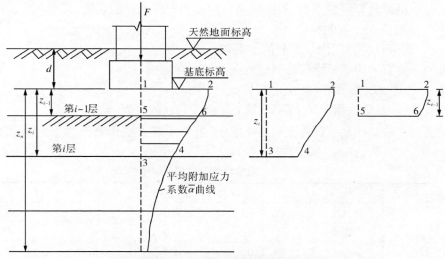

图 4-6　规范法计算地基沉降

设地基土层均质、压缩模量不随深度变化，则从基础底面至地基任意深度 z 范围内的压缩量为

$$s'=\int_0^z \frac{\sigma_z}{E_s}\mathrm{d}z=\frac{1}{E_s}\int_0^z \sigma_z \mathrm{d}z=\frac{A}{E_s} \tag{4-14}$$

式中　A——深度 z 范围内的附加应力面积。

由附加应力计算公式 $s_z = \alpha_c p_0$，附加应力图面积 A 可表示为

$$A = \int_0^z s_z \mathrm{d}z = \int_0^z \alpha_c p_0 \mathrm{d}z = p_0 \int_0^z \alpha_c \mathrm{d}z$$

定义 $\int_0^z \alpha_c \mathrm{d}z$ 为附加应力系数面积，则由上式得 $\int_0^z \alpha_c \mathrm{d}z = \dfrac{A}{p_0}$。为了计算方便，引入平均附加应力系数 $\overline{\alpha}$，由其定义得：

$$\overline{\alpha} = \frac{\int_0^z \alpha_c \mathrm{d}z}{z} = \frac{A}{p_0 z} \tag{4-15}$$

则附加应力面积 $A = \overline{\alpha} p_0 z$，此亦被称为附加应力面积等代值。

将式(4-15)代入式(4-14)，有

$$s' = \overline{\alpha} p_0 \frac{z}{E_s} \tag{4-16}$$

式(4-16)即是以附加应力面积等代值引出的、以平均附加应力系数表达的、从基底至任意深度 z 范围内的地基沉降量的计算公式。

根据分层总和法基本原理可得成层地基最终沉降量的基本计算公式为

$$s = \psi_s s' = \psi_s \sum_{i=1}^n \frac{p_0}{E_{si}} (z_i \overline{\alpha}_i - z_{i-1} \overline{\alpha}_{i-1}) \tag{4-17}$$

式中　s——地基最终沉降量，mm；

　　　s'——按分层总和法计算出的地基沉降量，mm；

　　　ψ_s——沉降计算经验系数，根据地区沉降观测资料及经验确定，无地区经验时可采用表4-1内的数值；

　　　n——沉降计算范围内所划分的土层数；

　　　p_0——对应于荷载标准值的基础底面处的附加应力，kPa；

　　　E_{si}——基础底面下第 i 层土的压缩模量，MPa；

　　　z_i、z_{i-1}——基础底面至第 i 层土、第 $i-1$ 层土底面的距离，m；

　　　$\overline{\alpha}_i$、$\overline{\alpha}_{i-1}$——基础底面计算点至第 i 层土、第 $i-1$ 层土底面范围内平均附加应力系数，查表4-2确定。

表4-1　沉降计算经验系数 ψ_s

基底附加压力	$\overline{E}_s$/MPa				
	2.5	4.0	7.0	15.0	20.0
$p_0 \geqslant f_k$	1.4	1.3	1.0	0.4	0.2
$p_0 \leqslant 0.75 f_k$	1.1	1.0	0.7	0.4	0.2

注：1. f_k 为地基承载力标准值。

　　2. $\overline{E}_s$ 为沉降计算范围内 E_s 的当量值，按下式计算：

$$\overline{E}_s = \frac{\sum A_i}{\sum \dfrac{A_i}{E_{si}}}$$

式中　A_i——第 i 层土附加应力系数沿土层厚度的积分值。

表 4-2　矩形面积上均布荷载作用下角点的平均附加应力系数 $\bar{\alpha}$

z/b	l/b												
	1.0	1.2	1.4	1.6	1.8	2.0	2.4	2.8	3.2	3.6	4.0	5.0	10.0
0.0	0.250 0	0.250 0	0.250 0	0.250 0	0.250 0	0.250 0	0.250 0	0.250 0	0.250 0	0.250 0	0.250 0	0.250 0	0.250 0
0.2	0.249 6	0.249 7	0.249 7	0.249 8	0.249 8	0.249 8	0.249 8	0.249 8	0.249 8	0.249 8	0.249 8	0.249 8	0.249 8
0.4	0.247 4	0.247 9	0.248 1	0.248 3	0.248 3	0.248 4	0.248 5	0.248 5	0.248 5	0.248 5	0.248 5	0.248 5	0.248 5
0.6	0.242 3	0.243 7	0.244 4	0.244 8	0.245 1	0.245 2	0.245 4	0.245 5	0.245 5	0.245 5	0.245 5	0.245 5	0.245 6
0.8	0.234 6	0.247 2	0.238 7	0.239 5	0.240 0	0.240 3	0.240 7	0.240 8	0.240 9	0.240 9	0.241 0	0.241 0	0.241 0
1.0	0.225 2	0.229 1	0.231 3	0.232 6	0.233 5	0.234 0	0.234 6	0.234 9	0.235 1	0.235 2	0.235 2	0.235 3	0.235 3
1.2	0.214 9	0.219 9	0.222 9	0.224 8	0.226 0	0.226 8	0.227 8	0.228 2	0.228 5	0.228 6	0.228 7	0.228 8	0.228 9
1.4	0.204 3	0.210 2	0.214 0	0.216 4	0.219 0	0.219 1	0.220 4	0.221 0	0.221 5	0.221 7	0.221 8	0.222 0	0.222 1
1.6	0.193 9	0.200 6	0.204 9	0.207 9	0.209 9	0.311 3	0.213 0	0.213 8	0.214 3	0.214 6	0.214 8	0.215 0	0.215 2
1.8	0.184 0	0.191 2	0.196 0	0.199 4	0.201 8	0.203 4	0.205 5	0.206 6	0.207 3	0.207 7	0.207 9	0.208 2	0.208 4
2.0	0.174 6	0.182 2	0.187 5	0.191 2	0.193 8	0.195 8	0.198 2	0.299 6	0.200 4	0.200 9	0.201 2	0.201 5	0.201 8
2.2	0.165 9	0.173 7	0.179 3	0.183 3	0.186 2	0.188 3	0.191 1	0.192 7	0.193 7	0.194 3	0.194 7	0.195 2	0.195 5
2.4	0.157 8	0.165 5	0.171 5	0.175 7	0.178 7	0.181 2	0.184 3	0.186 2	0.187 3	0.188 0	0.188 5	0.189 0	0.189 5
2.6	0.150 3	0.158 3	0.164 2	0.168 6	0.171 9	0.174 5	0.177 9	0.179 9	0.181 2	0.182 0	0.182 5	0.183 2	0.183 8
2.8	0.143 3	0.151 4	0.157 4	0.161 9	0.165 4	0.168 0	0.171 7	0.173 9	0.175 3	0.176 3	0.176 9	0.177 7	0.178 4
3.0	0.136 9	0.144 9	0.151 0	0.155 6	0.159 2	0.161 9	0.165 8	0.168 2	0.169 8	0.170 8	0.171 5	0.172 5	0.173 3
3.2	0.131 0	0.139 0	0.145 0	0.149 7	0.153 3	0.156 2	0.160 2	0.162 8	0.164 5	0.165 7	0.166 4	0.167 5	0.168 5
3.4	0.125 6	0.133 4	0.139 4	0.144 1	0.147 8	0.150 8	0.155 0	0.157 7	0.159 5	0.160 7	0.161 6	0.162 8	0.163 9
3.6	0.120 5	0.128 2	0.134 2	0.138 9	0.142 7	0.145 6	0.150 0	0.152 8	0.154 8	0.156 1	0.157 0	0.158 3	0.159 5
3.8	0.115 8	0.123 4	0.129 3	0.134 0	0.137 8	0.140 8	0.145 2	0.148 2	0.150 2	0.151 6	0.152 6	0.154 1	0.155 4
4.0	0.111 4	0.118 9	0.124 8	0.129 4	0.133 2	0.136 2	0.140 8	0.143 8	0.145 9	0.147 4	0.148 5	0.150 0	0.151 6
4.2	0.107 3	0.114 7	0.120 5	0.125 1	0.128 9	0.131 9	0.136 5	0.139 6	0.141 8	0.143 4	0.144 5	0.146 2	0.147 9
4.4	0.103 5	0.110 7	0.116 4	0.121 0	0.124 8	0.127 9	0.132 5	0.135 7	0.137 9	0.139 6	0.140 7	0.142 5	0.144 4
4.6	0.100 0	0.107 0	0.112 7	0.117 2	0.120 9	0.124 0	0.128 7	0.131 9	0.134 2	0.135 9	0.137 1	0.139 0	0.141 0
4.8	0.096 7	0.103 6	0.109 1	0.113 6	0.117 3	0.120 4	0.125 0	0.128 3	0.130 7	0.132 4	0.133 7	0.135 7	0.137 9
5.0	0.093 5	0.100 3	0.105 7	0.110 2	0.113 9	0.116 9	0.121 6	0.124 9	0.127 3	0.129 1	0.130 4	0.132 5	0.134 8
5.2	0.090 6	0.097 2	0.026	0.107 0	0.110 6	0.113 6	0.118 3	0.121 7	0.124 1	0.125 9	0.127 3	0.129 5	0.132 0
5.6	0.085 2	0.091 6	0.096 8	0.101 2	0.104 6	0.107 6	0.112 2	0.115 6	0.118 1	0.120 0	0.121 5	0.123 8	0.126 6
5.8	0.082 8	0.089 0	0.094 1	0.098 3	0.101 8	0.104 7	0.109 4	0.112 8	0.115 3	0.117 2	0.118 7	0.121 1	0.124 0
6.0	0.080 5	0.086 6	0.091 6	0.095 7	0.099 1	0.102 1	0.106 7	0.110 1	0.112 6	0.114 6	0.116 1	0.118 5	0.121 6

普通高等教育土木类专业"十四五"系列教材

z/b	l/b												
	1.0	1.2	1.4	1.6	1.8	2.0	2.4	2.8	3.2	3.6	4.0	5.0	10.0
6.2	0.078 3	0.084 2	0.089 1	0.093 2	0.096 6	0.099 5	0.104 1	0.107 5	0.110 1	0.112 0	0.113 6	0.116 1	0.119 3
6.4	0.076 2	0.082 0	0.086 9	0.090 9	0.094 2	0.097 1	0.101 6	0.105 0	0.107 6	0.109 6	0.111 1	0.113 7	0.117 1
6.6	0.074 2	0.079 9	0.084 7	0.088 6	0.091 9	0.094 8	0.099 3	0.102 7	0.105 3	0.107 3	0.108 8	0.111 4	0.114 9
6.8	0.072 3	0.077 9	0.082 6	0.086 5	0.089 8	0.092 6	0.097 0	0.103 0	0.105 0	0.106 6	0.109 2	0.112 9	
7.0	0.070 5	0.076 1	0.080 6	0.084 4	0.087 7	0.090 4	0.094 9	0.098 2	0.100 8	0.102 8	0.104 4	0.107 1	0.110 9
7.2	0.068 8	0.074 2	0.078 7	0.082 5	0.085 7	0.088 4	0.092 8	0.096 2	0.098 7	0.100 8	0.102 3	0.105 1	0.109 0
7.4	0.067 2	0.072 5	0.076 9	0.080 6	0.083 8	0.086 5	0.090 8	0.094 2	0.096 7	0.098 8	0.100 4	0.103 1	0.107 1
7.6	0.065 6	0.070 9	0.075 2	0.078 9	0.082 0	0.084 6	0.088 9	0.092 2	0.094 8	0.096 8	0.098 4	0.101 2	0.105 4
7.8	0.064 2	0.069 3	0.073 6	0.077 1	0.080 2	0.082 8	0.087 1	0.090 4	0.092 9	0.095 0	0.096 6	0.099 4	0.103 6
8.0	0.062 7	0.067 8	0.072 0	0.075 5	0.078 5	0.081 1	0.085 3	0.088 6	0.091 1	0.093 2	0.094 8	0.097 6	0.102 0
8.2	0.061 4	0.066 3	0.070 5	0.073 9	0.076 9	0.079 5	0.083 7	0.086 9	0.089 4	0.091 4	0.093 1	0.095 9	0.100 4
8.4	0.060 1	0.064 9	0.069 0	0.072 4	0.075 4	0.077 9	0.082 0	0.085 2	0.087 8	0.089 3	0.091 4	0.094 3	0.093 8
8.6	0.058 8	0.063 6	0.067 6	0.071 0	0.073 9	0.076 4	0.080 5	0.083 6	0.086 2	0.088 2	0.089 8	0.092 7	0.097 3
8.8	0.057 6	0.062 3	0.066 3	0.069 6	0.072 4	0.074 9	0.079 0	0.082 1	0.084 6	0.086 6	0.088 2	0.091 2	0.095 9
9.2	0.055 4	0.059 9	0.063 7	0.067 0	0.069 7	0.072 1	0.076 1	0.079 2	0.081 7	0.083 7	0.085 3	0.088 2	0.093 1
9.6	0.053 3	0.057 7	0.061 4	0.064 5	0.067 2	0.069 6	0.073 4	0.076 5	0.078 9	0.080 9	0.082 5	0.085 5	0.090 5
10.4	0.049 6	0.053 7	0.057 2	0.060 1	0.062 7	0.064 9	0.068 6	0.071 6	0.073 9	0.075 9	0.077 5	0.080 4	0.085 7
11.2	0.046 3	0.050 2	0.053 5	0.056 3	0.058 7	0.060 9	0.064 5	0.067 2	0.069 5	0.071 4	0.073 0	0.075 9	0.081 3
12.0	0.043 5	0.047 1	0.050 2	0.052 9	0.055 2	0.057 3	0.060 6	0.063 4	0.065 6	0.067 4	0.069 0	0.071 9	0.077 4
12.8	0.040 9	0.044 4	0.047 4	0.049 9	0.052 1	0.054 1	0.057 3	0.059 9	0.062 1	0.063 9	0.065 4	0.068 2	0.073 9
13.6	0.038 7	0.042 0	0.044 8	0.047 2	0.049 3	0.051 2	0.054 3	0.056 8	0.058 9	0.060 7	0.062 1	0.064 9	0.070 7
14.4	0.036 7	0.039 8	0.042 5	0.044 8	0.046 8	0.048 6	0.051 6	0.054 0	0.056 1	0.057 7	0.059 2	0.061 9	0.067 7
16.0	0.033 2	0.036 1	0.038 5	0.040 7	0.042 5	0.044 2	0.046 9	0.049 2	0.051 1	0.052 7	0.054 0	0.056 7	0.062 5
18.0	0.029 7	0.032 3	0.034 5	0.036 4	0.038 1	0.039 6	0.042 2	0.044 2	0.046 0	0.047 5	0.048 7	0.051 2	0.057 0
20.0	0.026 9	0.029 2	0.031 2	0.033 0	0.034 5	0.035 9	0.038 3	0.040 2	0.041 8	0.043 2	0.044 4	0.046 8	0.052 4

按规范法计算地基沉降时,沉降计算深度 z_n 应满足下式:

$$\Delta s_n' \leqslant 0.025 \sum_{i=1}^{n} \Delta s_i' \tag{4-18}$$

式中　$\Delta s_i'$——在计算深度 z_n 范围内,第 i 层土的计算沉降值;

$\Delta s_n'$——计算深度 z_n 处向上取厚度 Δz 的分层的沉降计算值,Δz 的厚度选取与基础宽度 b 有关,见表4-3。

普通高等教育土木类专业"十四五"系列教材

表 4-3　Δz 的取值

b/m	$b\leqslant 2$	$2<b\leqslant 4$	$4<b\leqslant 8$	$8<b\leqslant 15$	$15<b\leqslant 30$	$b>30$
$\Delta z/\mathrm{m}$	0.3	0.6	0.8	1.0	1.2	1.5

若确定的计算深度下部有软弱土层,则应继续向下计算。

当无相邻荷载影响,基础宽度 b 在 1~50 m 范围内时,基础中点的地基沉降计算深度可简化为按下式确定:

$$z_n = b(2.5-0.4\ln b) \tag{4-19}$$

在计算深度范围内存在基岩时,z_n 可取至基岩表面。

【例 4-1】已知柱下独立方形基础,基础底面尺寸为 2.5 m×2.5 m,埋深为 2 m,作用于基础上(设计地面标高处)的轴向荷载 $F=1250$ kN,有关地基勘察资料与基础剖面见图 4-7。试分别用单向分层总和法及规范法计算基础中点最终沉降量。

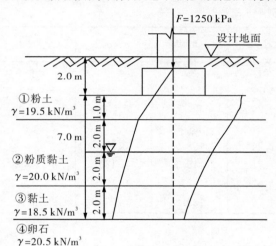

（a）地基应力分布图

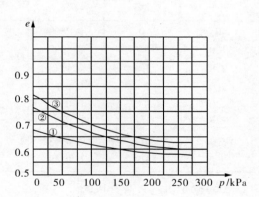

（b）地基土压缩曲线

图 4-7　例 4-1 图

【解】(一)按单向分层总和法计算

(1)计算分层厚度

每层厚度 $h_i<0.4b=1.0$ m。所以按 1 m 分层。

(2)计算地基土的自重应力

自重应力从天然地面起算,z 自基底标高起算。

$z=0$ m,$\sigma_{c0}=19.5\times2=39(\mathrm{kPa})$

$z=1.0$ m,$\sigma_{cz1}=39+19.5\times1=58.5(\mathrm{kPa})$

$z=2.0$ m,$\sigma_{cz2}=58.5+20\times1=78.5(\mathrm{kPa})$

$z=3.0$ m,$\sigma_{cz3}=78.5+20\times1=98.5(\mathrm{kPa})$

$z=4.0$ m,$\sigma_{cz4}=98.5+(20-10)\times1=108.5(\mathrm{kPa})$

$z=5.0\ \mathrm{m}, \sigma_{cz5}=108.5+(20-10)\times1=118.5(\mathrm{kPa})$

$z=6.0\ \mathrm{m}, \sigma_{cz6}=118.5+(18.5-10)\times1=127(\mathrm{kPa})$

$z=7.0\ \mathrm{m}, \sigma_{cz7}=127+(18.5-10)\times1=135.5(\mathrm{kPa})$

(3)基底压力计算

基础底面以上,基础与填土的混合容重取 $\gamma_G=20\ \mathrm{kN/m^3}$。

$$p=\frac{F+G}{A}=\frac{1250+2.5\times2.5\times2\times20}{2.5\times2.5}=240(\mathrm{kPa})$$

(4)基底附加压力计算

$$p_0=p-\gamma d=240-19.5\times20=201(\mathrm{kPa})$$

(5)基础中点下地基中竖向附加应力计算

用角点法计算,过基底中心将荷载面四等分,$l=2.5\ \mathrm{m}$, $b=2.5\ \mathrm{m}$, $l/b=1$, $\sigma_{zi}=4\alpha_{ci}\cdot p_0$, α_{ci} 由表3-5确定,计算结果见表4-4。

表4-4 例4-1表(1)

z/m	$\dfrac{z}{b/2}$	α_{ci}	σ_z/kPa	σ_{cz}/kPa	σ_z/σ_{cz}	z_n/m
0	0	0.2500	201	39		
1.0	0.8	0.1999	160.7	58.5		
2.0	1.6	0.1123	90.29	78.5		
3.0	2.4	0.0642	51.62	98.8		
4.0	3.2	0.0401	32.24	108.5	0.297	
5.0	4.0	0.0270	21.71	118.5	0.183	
6.0	4.8	0.0193	15.52	127	0.122	
7.0	5.6	0.0148	11.90	135.5	0.088	按7 m计

(6)确定沉降计算深度 z_n

考虑第③层土压缩性比第②层土大,经计算后确定 $z_n=7\ \mathrm{m}$,见表4-5。

表4-5 例4-1表(2)

z/m	σ_{cz}/kPa	σ_z/kPa	H/mm	$\overline{\sigma}_{czi}/\mathrm{kPa}$	$\overline{\sigma}_{zi}/\mathrm{kPa}$	$(\overline{\sigma}_{czi}+\overline{\sigma}_{zi})/\mathrm{kPa}$	e_1	e_2	$\dfrac{e_{1i}-e_{2i}}{1+e_{2i}}$	s_i/mm
0	39	201								
1.0	58.5	160.7	1000	48.75	180.85	229.6	0.71	0.64	0.0427	42.7
2.0	78.5	90.29	1000	68.50	125.50	194	0.64	0.61	0.0186	18.6
3.0	98.5	51.62	1000	88.50	70.96	159.46	0.635	0.62	0.0093	9.3
4.0	108.5	32.24	1000	103.5	41.93	145.43	0.63	0.62	0.0062	6.2
5.0	118.5	21.71	1000	113.5	26.98	140.48	0.63	0.62	0.0062	6.2
6.0	137	15.52	1000	122.75	18.62	141.37	0.69	0.68	0.0060	6.0
7.0	155.5	11.90	1000	131.25	13.71	144.96	0.68	0.67	0.0030	3.0
									$\sum s_i=92.0$	

普通高等教育土木类专业"十四五"系列教材

所以,按分层总和法求得的基础最终沉降量为 $s = 92.0$ mm。

(二)按规范法计算

(1)计算 σ_{cz}、σ_z 分布及 p_0 值

见分层总和法步骤(1)~(5)。

(2)计算 E_s

由式 $E_s = \dfrac{1+e_{1i}}{e_{1i}-e_{2i}}(p_{2i}-p_{1i})$ 确定各分层 E_s,式中 $p_{1i} = \overline{\sigma}_{czi}$,$p_{2i} = \overline{\sigma}_{czi}+\overline{\sigma}_{zi}$,计算结果见表4-6。

表 4-6　例 4-1 表(3)

z/m	l/b	z/b	$\overline{\alpha}$	$\overline{\alpha}z$	$\overline{\alpha}_i z_i - \overline{\alpha}_{i-1} z_{i-1}$	E_{si}/kPa	$\Delta s'$/mm	s'/mm
0		0	0.2500	0				
1.0		0.8	0.2346	0.2346	0.2346	4418	42.7	42.7
2.0		1.6	0.1939	0.3878	0.1532	6861	18.0	60.7
3.0		2.4	0.1578	0.4734	0.0856	7735	8.9	69.6
4.0	$\dfrac{2.5}{2.5}=1$	3.2	0.1310	0.5240	0.0506	6835	6.0	75.6
5.0		4.0	0.1114	0.5570	0.033	4398	6.0	81.6
6.0		4.8	0.0967	0.5802	0.0232	3147	5.9	87.5
7.0		5.6	0.0852	0.5964	0.0162	2303	5.7	93.2
7.6		6.08	0.0804	0.6110	0.0146	20500	0.6	93.8

(3)计算 $\overline{\alpha}$

根据角点法,过基底中点将荷载面四等分,计算边长 $l = 2.5$ m,$b = 2.5$ m,由表4-2确定 $\overline{\alpha}$。计算结果见表4-6。

(4)确定沉降计算深度 z_n

$$z_n = b(2.5 - 0.4\ln b) = 2.5(2.5 - 0.4\ln 2.5) = 5.3\,(\text{m})$$

由于下面土层仍软弱,在③层黏土底面以下取 Δz 厚度计算,根据表4-3的要求,取 $\Delta z = 0.6$ m,则 $z_n = 7.6$ m,计算得厚度 Δz 的沉降量为 0.6 mm。

$$\Delta s_n' = 0.6 \leqslant 0.025\sum_{i=1}^{n} \Delta s_i' = 0.025 \times 93.8 = 2.345,\text{满足要求。}$$

(5)计算各分层沉降量 $\Delta s'$

由式 $\Delta s_i' = \dfrac{4p_0}{E_{si}}(z_i\overline{\alpha}_i - z_{i-1}\overline{\alpha}_{i-1})$ 求得各分层沉降量。计算结果见表4-6。

(6)确定修正系数 ψ_s

根据式 $\overline{E}_s = \dfrac{\sum A_i}{\sum \dfrac{A_i}{E_{si}}} = 5243$ kPa,由 $f_k = p_0$,按线性插入法查表4-1得,$\psi_s = 1.176$。

(7)计算基础最终沉降量

$$s = \psi_s s' = 1.176 \times 93.8 = 110.3\,(\text{mm})$$

由规范法计算得该基础最终沉降量 $s = 110.3$ mm。与前述分层总和法计算结果相比,可知本例中用分层总和法计算的结果偏小。

4.2.3 应力历史对地基沉降的影响

4.2.3.1 土的回弹与再压缩

图4-8是取自现场的原状试样的室内压缩、回弹和再压缩曲线。由图可见,该曲线具有以下特征:

(1)土的卸荷回弹曲线不与原压缩曲线重合,说明土不是完全弹性体,其中有一部分为不能恢复的塑性变形。

(2)土的再压缩曲线比原压缩曲线的斜率要小得多,说明土经过压缩后,卸荷再压缩时,其压缩性明显降低。

4.2.3.2 黏性土沉降的三个组成部分

根据对黏性土地基在局部荷载作用下的实际变形特征的观察和分析,黏性土地基的最终沉降 s 可以认为是由机制不同的三部分沉降组成(图4-9),即

$$s = s_d + s_c + s_s \tag{4-20}$$

式中　　s_d——瞬时沉降(亦称初始沉降);

　　　　s_c——固结沉降(亦称主固结沉降);

　　　　s_s——次固结沉降(亦称蠕变沉降)。

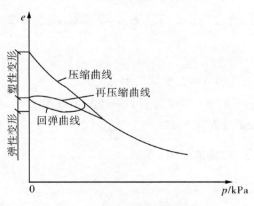

图4-8　土的回弹和再压缩曲线

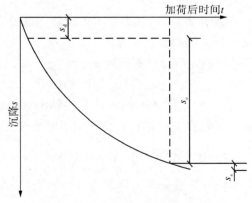

图4-9　黏性土沉降的三个组成部分

瞬时沉降是指加载后瞬时地基发生的沉降,此时地基土在荷载作用下只发生剪切变形,其体积还来不及发生变化。固结沉降是指饱和黏土地基在荷载作用下,随着孔隙水压力的消散,土骨架产生变形所造成的沉降。对于一般黏性土,该部分沉降占有很大比例且需较长时间才能完成。次固结沉降是指孔隙水停止挤出后,颗粒和结合水之间的剩余应力继续调整而引起的沉降。一般情况下,次固结沉降所占比例较小,但对于塑性高的黏性土,次固结沉降不应忽视。

普通高等教育土木类专业"十四五"系列教材

4.2.3.3　土的应力历史对土的压缩性的影响

为了考虑受荷历史对土的压缩变形的影响,必须知道土层受过的前期固结压力。前期固结压力是指土层在历史上曾经受到过的最大固结压力,用 p_c 表示。如果将其与目前土层所受的自重压力 p 相比较,天然土层按其固结状态可分为正常固结土、超固结土和欠固结土。

如土在形成和存在的历史中只受过等于目前土层所受的自重应力,即 $p_c = p_0$。如图4-10(a)中 A 点,其上覆土重 $p_0 = \gamma h$ 就是历史上曾经受到的最大有效固结压力,所以属正常固结土。历史上所经受的先期固结压力大于现有上覆荷重的土层,即 $p_c > p_0$。如图 4-10(b)所示,土层中 A 点在历史上曾经受到最大固结压力 $p_c = \gamma h_c$,后经水流冲刷或其他原因,土层受剥蚀,地表降至现地面。现地面下 A 点的上覆土重 $p_0 = \gamma h$,$h_c > h$,故 $p_c > p_0$,所以属超固结土。如土属于新近沉积的堆积物,在其自重应力 p_0 作用下尚未完全固结,称为欠固结土,如图 4-10(c)所示。

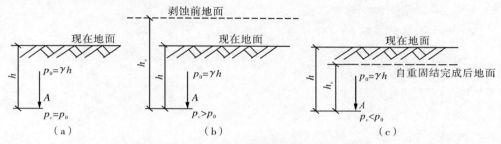

图 4-10　沉积土层按先期固结压力分类

在工程设计中最常见的是正常固结土,其土层的压缩由建筑物荷载产生的附加应力引起。超固结土相对于在其形成历史中已受过预压力,只有当地基中附加应力与自重应力之和超出其先期固结压力后,土层才会有明显压缩。因此超固结土的压缩性较低,于工程有利。而欠固结土不仅要考虑附加应力产生的压缩,还要考虑由于自重应力作用产生的压缩,因此压缩性较高。

4.3　地基变形与时间的关系

上一节介绍了地基最终沉降量的计算,最终沉降量是指在上部荷载产生的附加应力作用下,地基土体发生压缩达到稳定的沉降量。但是对于不同的地基土体要达到压缩稳定的时间长短不同。对于砂土和碎石土地基,因压缩性较小,透水性较大,一般在施工完成时,地基的变形已基本稳定;对于黏性土,特别是饱和黏土地基,因压缩性大,透水性小,其地基土的固结变形常需延续数年才能完成。地基土的压缩性越大,透水性越小,则完成固结也就是压缩稳定的时间越长。对于这类固结很慢的地基,在设计时,不仅要计算基础的最终沉降量,有时还需了解地基沉降过程,预估建筑物在施工期间和使用期间的地基沉降量,即地基沉降与时间的关系,以便预留建筑物有关部分之间的净空、组织施工顺序、控制施工进度,以及作为采取必要措施的依据。

饱和土体在荷载作用下,土孔隙中的自由水随着时间推移缓慢渗出,土的体积逐渐减小的过程,称为土的渗透固结。下面我们通过一个模型试验来研究饱和土体固结过程。

4.3.1 土的渗透性

土体孔隙中的自由水,在重力作用下会发生运动,如基坑开挖、排水施工期间地下水会源源不断地流向基坑。这种土体被水透过的性质,称为土的渗透性。在拥挤而流动的人群中,我们站着不动,会感到人流的拖拽力,会感受到所谓的渗透力。1856年,法国学者达西(Darcy)根据砂土渗透试验,如图4-11(a)所示,发现水的渗透速度与水力坡降成正比,即达西定律:

$$v = ki \tag{4-21}$$

式中 v——渗透速度,cm/s;

k——土的渗透系数,cm/s;

i——水力梯度,$i = \dfrac{h_1 - h_2}{L}$。

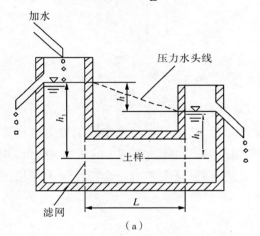
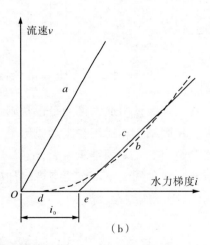

图4-11 渗透试验及达西定律

当 $i=1$ 时,$v=k$。这表明渗透系数 k 是单位水力坡降的渗透速度,它是表示土的渗透性强弱的指标,一般由渗透试验确定。

由于达西定律只适用于层流的情况,故一般只适用于中砂、细砂、粉砂等。对粗砂、砾石、卵石等粗颗粒土就不适用,因为此时水的渗透流速较大,已不是层流而是紊流。

黏土中的渗流规律需将达西定律进行修正。在黏土中,土颗粒周围存在着结合水,结合水因受到分子引力作用而呈现黏滞性。因此,黏土中自由水的渗流受到结合水的黏滞作用产生很大阻力,只有克服结合水的黏滞阻力后才能开始渗流。我们把克服此黏滞阻

力所需的水头梯度,称为黏土的起始水头梯度 i_0。这样,在黏土中应按下述修正后的达西定律计算渗流速度:

$$v=k(i-i_0) \tag{4-22}$$

在图 4-11(b)中绘出了砂土与黏土的渗透规律。直线 a 表示砂土的 $v\text{-}i$ 关系,它是通过原点的一条直线。黏土的 $v\text{-}i$ 关系是曲线 b(图中虚线所示),d 点是黏土的起始水头梯度,当土中水头梯度超过此值后水才开始渗流。

土的渗透系数可用室内渗透试验和现场抽水试验来确定。

4.3.2　有效应力原理

【拓展阅读】

首先我们了解一下有效应力原理是怎么发现的。有一次,K. 太沙基(Karl von Terzaghi)雨天在外边走,一不留神滑了一跤。他想起牛顿被苹果砸了一下发现了万有引力理论,觉得自己也不应白跌这一跤。他没有急于爬起,而是仔细观察黏土地面,下雨路滑是常识,为什么人在饱和黏土上快走会滑倒,而在干黏土和饱和砂土上不会滑倒呢?他陷入了思考。他又仔细观察,发现鞋底很光滑,滑倒处地面上有一层水膜。于是他认识到:作用在饱和土体上的总应力,由作用在土粒骨架上的有效应力和作用在孔隙水上的孔隙水压力两部分组成。前者会产生摩擦力,提供人前进所需的反力;后者没有抗剪强度。人踏在饱和黏土上的瞬时,总应力转化为超静孔隙水压力,而黏土渗透系数又小,快行一步时间内孔压不会消散而转化为有效应力,因而人快步行走就会滑倒,这样,著名的"有效应力原理"就形成了。扫描右侧二维码可以了解到"有效应力"提出的全过程。

有效应力的提出

我们用一个力学模型,如图 4-12 所示,来模拟饱和土体中某点的渗透固结过程。模型为一个充满水,水面放置一个带有排水孔的活塞,活塞又为一弹簧所支承的容器。其中弹簧表示土的固体颗粒骨架,容器内的水表示土孔隙中的自由水,整个模型表示饱和土体,在外荷载 p 的作用下在土孔隙水中所引起的超静水压力 u(以测压管中水的超高表示),称为孔隙水压力,在土骨架中产生的应力 σ',称为有效应力。根据静力平衡条件可知:

$$\sigma'+u=\sigma \tag{4-23}$$

在荷载 p 施加的瞬间(即加荷历时 $t=0$),图 4-12(a)容器中的水来不及排出,加之水又是不可压缩的,因而,弹簧没有压缩,有效应力 $\sigma'=0$,作用在活塞上的荷载 p 全部由水来承担,孔隙水压力 $u=p$。此时可以根据从测压管量得水柱高 h 而算出 $u=\gamma_w h$。其后,$t>0$[图 4-12(b)],在 u 作用下孔隙水开始排出,活塞下降,弹簧开始受到压缩,$\sigma'>0$。又从测压管测得的 h 而算出 $u=\gamma_w h<p$。随着容器中水的不断排出,u 就不断减小。活塞继续下降,σ' 不断增大。最后[图 4-12(c)],当弹簧所受的力与所加荷载 p 相等时,活塞便不再下降。此时水停止排出,即 $u=0$,亦即表示饱和土渗透固结完成。

因此,在一定压力作用下饱和土的渗透固结就是土体中孔隙水压力 u 向有效应力 σ' 转化的过程,或者说是孔隙水压力逐渐消减与有效应力逐渐增长的过程。只有有效应力才能使土体产生压缩和固结,土体中某点有效应力的增长程度反映该点土的固结完成程度。

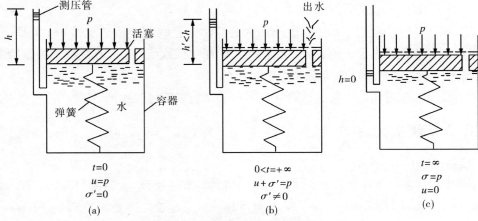

图 4-12　饱和土的渗透固结模型

4.3.3　饱和土的单向固结理论

当可压缩土层为厚度不大的饱和软黏土层,其上面或下面(或两者)有排水砂层时,在土层表面有均布外荷作用下,该层土中孔隙水主要沿铅直方向流动(排出),类似于土的室内有侧限压缩试验的情况,这种情况称为单向渗透固结。

(1)单向渗透固结理论的基本假定

单向渗透固结理论的基本假定:荷载是瞬时一次施加的;土是均质饱和的;土层仅在铅直方向产生压缩和排水;土中水的渗流排出符合达西定律;在压缩过程中受压土层的渗透系数 k 和压缩系数 a 视为常数。

(2)单向渗透固结微分方程式的建立及求解

先研究一种最简单的地基和荷载条件,如图 4-13 所示,可压缩饱和土层在自重作用下已固结完成,施加于地基上的连续均布荷载 p 是瞬时一次加上的,引起的附加应力 $\sigma_z(\sigma_z = p)$ 沿深度均匀分布。

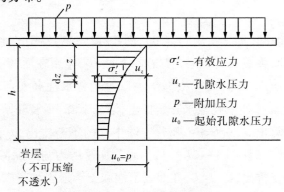

σ'_z —有效应力
u_z —孔隙水压力
p —附加压力
u_0 —起始孔隙水压力

图 4-13　单向渗透固结过程

由于底面为不透水层,故土中水只能铅直地向上排出(称为单面排水条件),从地基中任一深度 z 处取一微分土体 $1×1×1dz$,根据水流连续性原理、达西定律和有效应力原理可建立固结微分方程:

$$\frac{\partial u}{\partial t} = c_v \frac{\partial^2 u}{\partial z^2} \tag{4-24}$$

式中　c_v——土的固结系数,$m^2/$年,$c_v = \dfrac{k(1+e_1)}{a\gamma_w}$; $\tag{4-25}$

k——土的渗透系数,$m/$年;

e_1——土层固结前的初始孔隙比;

γ_w——水的重度,$10\ kN/m^3$;

a——土的压缩系数,kPa。

式(4-24)即为饱和土单向渗透固结微分方程式。按式(4-24)在一定的初始条件和边界条件下,可以解得任一深度 z 在任一时间的孔隙水压力 u 的表达式。

根据图 4-13 所示情况:

$t = 0$ 和 $0 \leqslant z \leqslant H$ 时,$u = \sigma_z$;

$0 < t \leqslant \infty$ 和 $z = 0$ 时,$u = 0$;

$0 \leqslant t \leqslant \infty$ 和 $z = H$ 时,$\dfrac{\partial u}{\partial z} = 0$。

无论坐标 z 为何值,压缩土层中任一点处,当 $t = \infty$ 时,$u = 0$。

采用分离变量法可求得满足上述条件的傅里叶级数解如下:

$$u_{z,t} = \frac{4}{\pi}\sigma_z \sum_{m=i}^{\infty} \frac{1}{m}\sin\left(\frac{m\pi^2}{2H}\right)e^{-m^2\frac{\pi^2}{4}T_v} \tag{4-26}$$

式中　m——正整奇数$(1,3,5,\cdots)$。

e——自然对数的底。

H——固结土层中最远的排水距离,以"m"计。当土层为单面排水时,H 即为土层的厚度;当土层上下双面排水时,水由土层中间向上和向下同时排出,则 H 为土层厚度之半。

T_v——时间因数,无因次,$T_v = \dfrac{c_v}{H^2}t$; $\tag{4-27}$

t——固结时间。

(3)地基固结度

地基在固结过程中任一时间 t 的变形量 s_t 与最终变形量 s 之比,称为地基土在任一时间 t 的固结度,常用 U_t 表示,即

$$U_t = \frac{s_t}{s}$$

或 $$s_t = U_t s \tag{4-28}$$

在基底附加应力、土层厚度、土层性质和排水条件等已定的情况下，U_t 仅是时间的函数，即 $U_t = f(t)$。

由于饱和土的固结过程是孔隙水压力逐渐转化为有效应力的过程，且土体的压缩是由有效应力引起的，因此，任一时间 t 的土体固结度 U_t 又可用土层中的总有效应力与总应力之比来表示。可得土的固结度公式如下：

$$U_t = 1 - \frac{\int_0^H u_{z,t}\,\mathrm{d}z}{\int_0^H \sigma_z\,\mathrm{d}z} \tag{4-29}$$

将式(4-26)代入式(4-28)中，通过积分并简化便可求得地基土层某一时间 t 的固结度 U_t 的表达式：

$$U_t = 1 - \frac{8}{\pi^2}\left(e^{-\frac{\pi^2}{4}T_v} + \frac{1}{9}e^{-9\frac{\pi^2}{4}T_v} + \cdots\right) \tag{4-30}$$

由于式(4-30)中的级数收敛得很快，当 T_v 的数值较大时，可只取其第一项，上式即简化为

$$U_t = 1 - \frac{8}{\pi^2}e^{-\frac{\pi^2}{4}T_v} \tag{4-31}$$

由此可见，固结度 U_t 仅为时间因数 T_v 的函数：

$$U_t = f(T_v) \tag{4-32}$$

只要土质指标 k、e_1、a_v 和土层厚度 H，以及排水和边界条件已知，U_t-t 关系就可求得。

在一维渗透固结理论中，地基沉降主要源于黏性土的压缩，而这种沉降常常是渗流固结沉降，这是需要时间的，短则几个月，长则几年。以某一次足球赛为例，在容纳 5 万人的球场，涌进了 7 万多球迷。当主队进球时，看台钢结构突然断裂，数百人伤亡。那么看台的地基承载力、地基沉降和结构强度都是按规范设计和施工的，为什么这时不是看台突然沉降到地下，而是钢结构破坏呢？这种看台的设计是以人群这种活荷载控制的，标准值为 5 万人，实际挤进 7 万人，再加上人群同时欢呼跳跃，可能产生共振，已超过钢结构的承载能力，钢材瞬时超载就可能断裂，结构倒塌在所难免。而 7 万人不吃不喝一场球最多坐 3 h，而他们狂热的瞬时欢呼跳跃，对沉降几乎是没有影响的。《规范》规定，在沉降计算中对活荷载采用荷载效应的准永久组合，所以只要不是地基液化，地基是不会突然沉降的。

普通高等教育土木类专业"十四五"系列教材

4.4　建筑物的沉降观测与地基的容许变形值

4.4.1　建筑物的沉降观测

前面介绍了地基变形的计算方法,但由于地基土的复杂性,致使理论计算值与实际值并不完全符合。为了保证建筑物的使用安全,对建筑物进行沉降观测是非常必要的,尤其对重要建筑物及建造在软弱地基上的建筑物,不但要在建筑设计时充分考虑地基的变形控制,而且要在施工期间与竣工后使用期间进行系统的沉降观测。建筑物的沉降观测对建筑物的安全使用有重要意义:

①沉降观测能够验证建筑工程设计与沉降计算的正确性。如果沉降观测时发现沉降过大,必须及时对原设计进行必要修改,以便设计与实际相符。

②沉降观测能够判断施工质量的好坏。如果设计时所采用的相关数据指标与设计方法都是正确的,那么施工期间的变形情况必然是和施工质量相联系的,因此可以根据沉降观测来进行质量判别与控制。

③一旦发生事故后,建筑物的沉降观测可以作为分析事故原因和加固处理的依据。沉降观测对一级建筑物,高层建筑,重要的、新型的或有代表性的建筑物,体形复杂、形式特殊或构造上和使用上对不均匀沉降有严格限制的建筑物,尤其具有重要意义。

沉降观测工作的内容,大致包括下列五个方面:

(1)收集资料和编写计划

在确定观测对象后,应收集有关的勘察设计资料,包括:观测对象所占地区的总平面布置图;该地区的工程地质勘察资料;观测对象的建筑和结构平面图、立面图、剖面图与基础平面图、剖面图;结构荷载和地基基础的设计技术资料;工程施工进度计划。在收集上述资料的基础上编制沉降观测工作计划,包括观测目的和任务、水准基点和观测点的位置、观测方法和精度要求、观测时间和次数等。

(2)水准基点的设置

以保证水准基点稳定可靠为原则,宜设置在基岩上或压缩性较低的土层上。水准基点的位置应靠近观测点并在建筑物产生压力影响的范围以外、不被行人车辆碰撞的地点。一个观测区水准基点不应少于3个。

(3)观测点的设置

观测点的设置应能全面反映建筑物的变形并结合地质情况确定,如建筑物4个角点、沉降缝两侧、高低层交界处、地基土软硬交界两侧等,数量不少于6个。

(4)水准测量

水准测量是沉降观测的一项主要工作。测量精度的高低将直接影响资料的可靠性。为保证测量精度要求,水准基点的导线测量与观测点水准测量一般均应采用高精度水准

普通高等教育土木类专业"十四五"系列教材

仪和基准尺。测量精度宜采用Ⅱ级水准测量,视线长度为20~30 m,视线高度不宜低于0.3 m。水准测量宜采用闭合法。

观测次数要求前密后稀。民用建筑每建完一层(包括地下部分)应观测1次;工业建筑按不同荷载阶段分次观测,施工期间不应少于4次观测。建筑物竣工后的观测:第一年不少于3~5次,第二年不少于2次,以后每年1次,直到沉降稳定为止。

(5)观测资料的整理

沉降观测资料的整理应及时,测量后应立即算出各测点的标高、沉降量和累计沉降量,并根据观测结果绘制荷载-时间-沉降关系实测曲线和修正曲线。经过成果分析,提出观测报告。

4.4.2 地基的容许变形值

地基变形按其变形特征分为:

沉降量——基础中点的沉降量;

沉降差——相邻两基础的沉降量之差;

倾斜——基础倾斜方向两端点的沉降差与其距离之比;

局部倾斜——承重砌体沿纵墙6~10 m内基础两点的沉降差与其距离之比。

地基容许变形值的确定比较困难,必须考虑上部结构、基础、地基之间的共同作用。目前,确定方法主要分为两类:一类是理论分析法,另一类是经验统计法。目前主要应用的是后者,经验统计法是对大量的各类已建建筑物进行沉降观测和使用状况的调查,然后结合地基地质类型,加以归纳整理,提出各种容许变形值。表4-7是参照《建筑地基基础设计规范》列出的建筑物的地基变形允许值。

表4-7　建筑物的地基变形允许值

变形特征		地基土类型	
		中、低压缩性土	高压缩性土
砌体承重结构基础的局部倾斜		0.002	0.003
工业与民用建筑相邻柱基的沉降差	框架结构	$0.002l$	$0.003l$
	砌体墙填充的边排柱	$0.0007l$	$0.001l$
	当基础不均匀沉降时不产生附加应力的结构	$0.005l$	$0.005l$
单层排架结构(柱距为6 m)柱基的沉降量/mm		(120)	200
桥式吊车轨面的倾斜(按不调整轨道考虑)	纵向	0.004	
	横向	0.003	
多层和高层建筑的整体倾斜	$H_g \leqslant 24$ m	0.004	
	24 m$<H_g \leqslant 60$ m	0.003	
	60 m$<H_g \leqslant 100$ m	0.0025	
	$H_g>100$ m	0.002	

86

续表 4-7

变形特征		地基土类型	
		中、低压缩性土	高压缩性土
体型简单的高层建筑基础的平均沉降量/mm		200	
高耸结构基础的倾斜	$H_g \leqslant 20$	0.008	
	$20 < H_g \leqslant 50$	0.006	
	$50 < H_g \leqslant 100$	0.005	
	$100 < H_g \leqslant 150$	0.004	
	$150 < H_g \leqslant 200$	0.003	
	$200 < H_g \leqslant 250$	0.002	
高耸结构基础的沉降量/mm	$H_g \leqslant 100$	400	
	$100 < H_g \leqslant 200$	300	
	$200 < H_g \leqslant 250$	200	

注:1. 本表数值为建筑物地基实际最终变形允许值。

　　2. 有括号者仅适用于中压缩性土。

　　3. l 为相邻基的中心距离,mm;H_g 为自室外地面起算的建筑物高度。

砌体承重结构应由局部倾斜值控制;框架结构和单层排架结构应由相邻柱基的沉降差控制;多层或高层建筑和高耸结构应由倾斜值控制。另外,任何结构均应控制沉降值。

本 章 小 结

土体的压缩变形主要是由于土体中孔隙体积的减小形成的,土粒和水在常压下的压缩变形量可以忽略,因此可以说土体压缩变形的过程就是排水和排气的过程。

测定土体压缩性最常用的方法是室内固结试验。

压缩系数

$$a = \frac{e_1 - e_2}{p_2 - p_1} = -\frac{\Delta e}{\Delta p}$$

压缩模量

$$E_s = \frac{1 + e_1}{a}$$

现场静载荷试验也可测定土体压缩性,变形模量 E_0 与室内侧限压缩试验测定的压缩模量 E_s 有如下关系:

$$E_0 = \beta E_s$$

分层总和法计算沉降

$$s = \sum_{i=1}^{n} \Delta s_i = \sum_{i=1}^{n} \frac{e_{1i} - e_{2i}}{1 + e_{2i}} H_i$$

规范法计算沉降

$$s = \psi_s s' = \psi_s \sum_{i=1}^{n} \frac{p_0}{E_{si}} (z_i \bar{\alpha}_i - z_{i-1} \bar{\alpha}_{i-1})$$

87

土力学

思考题与习题

 思考题

4-1 土体压缩体积减小的原因有哪些?

4-2 为什么说土的压缩变形实际上是土的孔隙体积的减小?

4-3 何谓土的固结?土固结过程的特征如何?

4-4 说明土的各压缩性指标的意义和确定方法。

4-5 什么是土的压缩系数?它是怎样反映土的压缩性的?一种土的压缩系数是否为常数?它的大小还与什么因素有关?

4-6 什么是超固结土、欠固结土和正常固结土?

4-7 建筑物沉降观测的主要内容有哪些?地基变形特征值分为几类?

习题

4-1 某钻孔土样的室内侧限压缩试验记录见表4-8,试绘制压缩曲线和计算各土层的压缩系数 a_{1-2} 及相应的压缩模量 E_s,并评定各土层的压缩特性。

表4-8 土样的压缩试验记录

压力/kPa		0	50	100	200	300	400
e	1号土样	0.982	0.964	0.952	0.936	0.924	0.914
	2号土样	1.190	1.065	0.995	0.905	0.850	0.810

4-2 某土层压缩系数为 0.50 MPa^{-1},天然孔隙比为0.8,土层厚1 m,该土层受到的平均附加应力 $\overline{\sigma_z}=60$ kPa。求该土层的沉降量。

4-3 某柱下独立基础,底面尺寸为 3 m×6 m,埋置深度、荷载条件如图4-14所示,地基土为均匀土,天然重度 $\gamma=20$ kN/m³,压缩模量 $E_s=5000$ kPa。计算基础下第二层土的沉降量。

4-4 如图4-15所示的矩形基础的底面尺寸为 4 m×2.5 m,基础埋深为 1 m。地下水位位于基底标高,地基土的物理指标见图,室内压缩试验结果如表4-9所示。用分层总和法计算基础中点的沉降量。

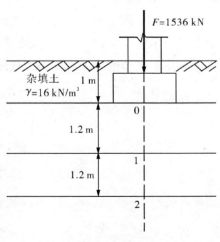

图4-14 习题4-3图

普通高等教育土木类专业"十四五"系列教材

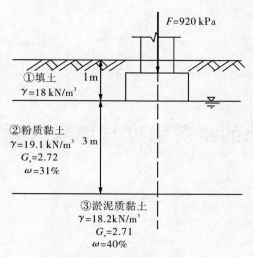

①填土
$\gamma = 18 \text{ kN/m}^3$ 1 m

$F = 920 \text{ kPa}$

②粉质黏土
$\gamma = 19.1 \text{ kN/m}^3$ 3 m
$G_s = 2.72$
$\omega = 31\%$

③淤泥质黏土
$\gamma = 18.2 \text{ kN/m}^3$
$G_s = 2.71$
$\omega = 40\%$

图 4-15 习题 4-4 图

表 4-9 室内压缩试验记录

e	p/kPa				
	0	50	100	200	300
粉质黏土	0.942	0.889	0.855	0.807	0.733
淤泥质粉质黏土	1.045	0.925	0.891	0.848	0.823

4-5 用规范法计算习题 4-4 中基础中点下粉质黏土层的压缩量(土层分层同上)。

4-6 黏土层的厚度均为 4 m,情况之一是双面排水,情况之二是单面排水。当地面瞬时施加一无限均布荷载,两种情况土性相同,$U = 1.128(T_v)^{1/2}$,达到同一固结度所需要的时间差是多少?

普通高等教育土木类专业"十四五"系列教材

第 5 章　土的抗剪强度与地基承载力

【学习目的和要求】

正确理解土的抗剪强度定律和极限平衡条件;掌握土极限平衡条件的计算和应用;掌握用直剪仪和三轴仪测定土抗剪强度指标的方法;正确理解排水条件对确定饱和黏性土抗剪强度指标的影响,了解地基承载力的计算方法。

【学习内容】

1. 掌握库仑公式、莫尔-库仑强度理论和极限平衡理论。
2. 掌握抗剪强度指标的测定方法。
3. 熟悉不同固结和排水条件下的抗剪强度指标的意义及应用。
4. 熟悉抗剪强度的影响因素。
5. 了解地基的破坏模式、破坏阶段及界限荷载的确定方法。
6. 熟悉地基承载力的确定方法,能应用规范公式确定地基容许承载力。

【重点与难点】

重点:抗剪强度定律;土的极限平衡条件、抗剪强度指标的测定和取值方法。

难点:土的极限平衡条件的应用及地基承载力的计算。

5.1　概　述

土的抗剪强度是土体抵抗剪切破坏的极限能力。当土体受到荷载作用后,土中各点将产生剪应力。若土中某一点的剪应力超过其抗剪强度,土就沿剪应力作用面产生相对滑动,该剪切面也称滑动面或破坏面,该点便产生剪切破坏。若荷载继续增加,土体产生剪切破坏的点越来越多,形成局部塑性区,最后各滑动面连成整体,土体发生剪切破坏而丧失稳定性。大量的工程实践和试验都证实了土是由于受剪而产生破坏的,因此,土的强

普通高等教育土木类专业"十四五"系列教材

度问题实际上就是土的抗剪强度问题。

　　建筑物地基的破坏绝大多数属于剪切破坏,实际工程中的地基承载力、挡土墙、重力式码头和地下结构的土压力、堤坝、基坑、路堑以及各类边坡的稳定性均由土的抗剪强度所控制。能否正确分析和测定土的抗剪强度,是工程设计质量和工程建设成败的关键因素之一。本章主要介绍土的抗剪强度理论及其指标的测定方法以及土的抗剪强度的若干因素。

5.2　土的抗剪强度与极限平衡条件

5.2.1　库仑定律

　　法国科学家库仑(Coulomb)于 1776 年根据一系列砂土剪切试验结果[图 5-1(a)]提出砂土抗剪强度的表达式:

$$\tau_f = \sigma \tan \varphi \tag{5-1}$$

后来又通过黏性土的试验结果[图 5-1(b)],进一步提出了黏性土的抗剪强度表达式:

$$\tau_f = c + \sigma \tan \varphi \tag{5-2}$$

式中　τ_f——土的抗剪强度,kPa;

　　　　σ——剪切面上的法向应力,kPa;

　　　　c——土的黏聚力,kPa;

　　　　φ——土的内摩擦角,(°)。

　　式(5-1)和式(5-2)就是土的抗剪强度表达式,它是库仑在 18 世纪 70 年代提出的,也称为库仑定律。式中,c、φ 称为土的抗剪强度指标。该定律表明,土的抗剪强度是剪切面上的法向总应力 σ 的线性函数,如图 5-1 所示。同时从定律可知,无黏性土的 $c=0$,表明抗剪强度仅仅是由剪切面上粒间的内摩擦力所形成;而对于黏性土,其抗剪强度由黏聚力和内摩擦力两部分构成。

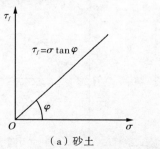
（a）砂土

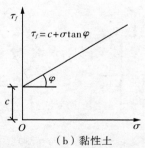
（b）黏性土

图 5-1　土的抗剪强度定律

　　内摩擦力 $\sigma \tan \varphi$ 主要有两个来源:一是滑动摩擦,即剪切面上土粒间表面的粗糙所产生的表面摩擦作用;二是咬合摩擦作用,即土粒因凹凸面间相互嵌入、连锁作用而产生

普通高等教育土木类专业"十四五"系列教材

的咬合摩阻力。黏聚力 c 一般由土粒中化合物的胶结作用和土粒间水膜受到相邻土粒之间的电分子引力等因素形成。因此,黏聚力通常与土中的矿物成分、黏粒含量、含水量以及土的结构等因素密切相关。

根据库仑定律,砂土的黏聚力 c 为零,那么在河边的沙滩上,全干和水下的部分确实无法竖立挖洞;可是在潮湿部分,我们可以垂直挖一个小竖井而不垮,这是为什么呢? 大家可以想象一下将湿手向下插入干砂中(结果手上黏了许多砂粒)。干的砂土和饱和砂土是没有黏聚力的,而非饱和的砂土中砂粒间有水,水气表面的毛细力将砂粒"黏结"在一起,也称为"基质吸力"。由于毛细压力为负孔压,则砂粒间有效应力为正,会产生抗剪强度,称为假黏聚力。所以非饱和土常可以开挖成陡坡,一旦降雨或浸水,这种假黏聚力消失,陡坡就会坍塌,许多基坑事故的发生就是这个道理。

应当指出,c、φ 是决定土的抗剪强度的两个重要指标,不仅与土的性质有关,还与试验时的排水条件、剪切速率、应力状态及应力历史等因素相关。土的强度包线上的各点代表的是完全不同状态的试样,这个包线是不同状态土强度的集合。

5.2.2　土的极限平衡条件

当土体中任意一点在某一平面上的剪应力等于土的抗剪强度时,该点濒于破坏的临界状态称为极限平衡状态,表征该状态下土的应力状态和土的抗剪强度之间的关系称为土的极限平衡条件。若已知土体的抗剪强度 τ_f,则只要求得土中某点各个面上的剪应力 τ 和法向应力 σ,即可判断土体所处的状态。

1. 土体中任意一点的应力状态

为了简化分析,以平面问题来建立土的极限平衡条件。从土体中取一单元体,如图 5-2(a)所示。设作用在该单元体上的大、小主应力分别为 σ_1 和 σ_3,在单元体内与大主应力 σ_1 作用面成任意角 α 的 mn 平面上有正应力 σ 和剪应力 τ,为建立 σ、τ 和 σ_1、σ_3 之间的关系,取楔形脱离体 abc,如图 5-2(b)所示。

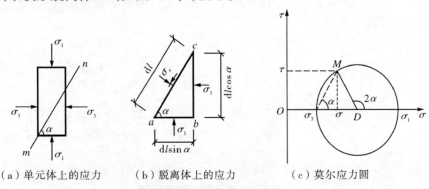

(a) 单元体上的应力　　　（b）脱离体上的应力　　　（c）莫尔应力圆

图 5-2　土中任意点的应力状态

普通高等教育土木类专业"十四五"系列教材

根据静力平衡条件,分别取水平和垂直向合力为零,得

$$\sigma_3 \mathrm{d}l \sin \alpha - \sigma \mathrm{d}l \sin \alpha + \tau \mathrm{d}l \cos \alpha = 0$$

$$\sigma_1 \mathrm{d}l \cos \alpha - \sigma \mathrm{d}l \cos \alpha + \tau \mathrm{d}l \sin \alpha = 0$$

解此联立方程,可求得任意一截面上 mn 上的法向应力 σ 和剪应力 τ:

$$\sigma = \frac{1}{2}(\sigma_1 + \sigma_3) + \frac{1}{2}(\sigma_1 - \sigma_3) \cos 2\alpha$$

$$\tau = \frac{1}{2}(\sigma_1 - \sigma_3) \sin 2\alpha \tag{5-3}$$

从上面可以看出,当截面 mn 与大主应力面夹角 α 变化时,则相应的 σ 和 τ 的方向和数值都相应变化。用什么办法来表达任一点所有各方向平面上的应力状态?最简单的是用材料力学中的莫尔圆方法,如图 5-2(c) 所示。在 σ-τ 直角坐标系中,按一定比例在坐标中点绘出 σ_1 和 σ_3,再以 $\sigma_1 - \sigma_3$ 为直径作圆,即为莫尔应力圆。以 D 点为圆心,自 $D\sigma_1$ 逆时针转 2α 角,使之与圆交于 M 点。可以证明,M 点的横坐标即为斜面 mn 上的正应力 σ,纵坐标即为斜面 mn 上的剪应力 τ。也就是说,莫尔圆周上某点的坐标表示土中该点相应某个面上的正应力和剪应力,该面与大主应力作用面的夹角,等于所含的圆心角的一半。由图可知,最大剪应力 $\tau_{\max} = \frac{1}{2}(\sigma_1 - \sigma_3)$,作用面与大主应力 σ_1 作用面的夹角 $\alpha = 45°$。

2. 土的极限平衡条件

为判别土体中某点的平衡状态,将土的抗剪强度包线与描述土体中某点的莫尔应力圆画在同一坐标中,如图 5-3 所示。根据其相对位置关系判断该点所处的应力状态,可以划分为以下三种情况:

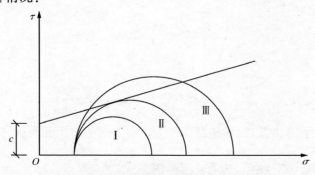

图 5-3　莫尔应力圆与抗剪强度之间的关系

(1)当 $\tau < \tau_f$ 时,即圆 I 位于抗剪强度包线的下方,表明通过该点的任意平面上的剪应力都小于土的抗剪强度,因此该点不会发生剪切破坏,该点处于弹性状态;

(2)当 $\tau = \tau_f$ 时,即圆 II 与抗剪强度包线相切,表明通过该点的任意平面上的剪应力都等于土的抗剪强度,即该点处于极限平衡状态,圆 II 称为极限应力圆;

(3)当 $\tau > \tau_f$ 时,即圆 III 与抗剪强度包线相割,表明通过该点的任意平面上的剪应力都

超过了土的抗剪强度,事实上该应力圆所代表的应力状态是不存在的,该点为剪切破坏状态。

根据极限应力圆与抗剪强度包线之间的几何关系,建立土的极限平衡条件。设土体中某点剪切破坏时的破裂面与大主应力的作用面成 φ 角,如图 5-4 所示,土的极限平衡条件即是 $\tau = \tau_f$ 时的应力间关系,可得到极限平衡条件时的数学表达式:

$$\sin\varphi = \frac{\overline{MD}}{\overline{CD}} = \frac{\frac{1}{2}(\sigma_1 - \sigma_3)}{c \cdot \cot\varphi + \frac{1}{2}(\sigma_1 + \sigma_3)} \tag{5-4}$$

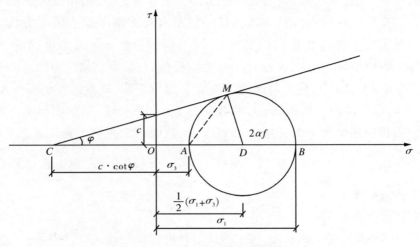

图 5-4 土的极限平衡条件

利用三角函数关系简化得

$$\sigma_1 = \sigma_3 \tan^2\left(45° + \frac{\varphi}{2}\right) + 2c\tan\left(45° + \frac{\varphi}{2}\right) \tag{5-5}$$

或

$$\sigma_3 = \sigma_1 \tan^2\left(45° - \frac{\varphi}{2}\right) - 2c\tan\left(45° - \frac{\varphi}{2}\right) \tag{5-6}$$

土体处于极限平衡状态时,其破裂面与大主应力面的作用面所成的夹角

$$\alpha_f = \frac{1}{2}(90° + \varphi) = 45° + \frac{\varphi}{2} \tag{5-7}$$

利用几何关系和三角函数换算,可求得无黏性土的极限平衡条件:

$$\sigma_1 = \sigma_3 \tan^2\left(45° + \frac{\varphi}{2}\right) \tag{5-8}$$

或

$$\sigma_3 = \sigma_1 \tan^2\left(45° - \frac{\varphi}{2}\right) \tag{5-9}$$

式(5-5)~式(5-9)统称为莫尔-库仑强度理论,它们是验算土体中某点是否达到极限平衡状态的基本表达式,这些表达式在以后的土压力计算、地基承载力计算中均需用到。

从上述关系式以及图 5-4 所示,可以看到:

(1)判断土体中一点是否处于极限平衡状态,必须同时掌握大、小主应力以及土的抗剪强度指标的大小及关系。

(2)由该理论所描述的土体极限平衡状态可知,土的剪切破坏并不是由最大剪应力 $\tau_{max}=\dfrac{\sigma_1-\sigma_3}{2}$ 所控制,即剪破面并不产生于最大剪应力面,而是与最大剪应力面成 $\dfrac{\varphi}{2}$ 的夹角。

(3)如果同一种土有几个试样在大、小主应力组合下受剪破坏,则在坐标系中可以得到几个莫尔极限应力圆,这些应力圆的公切线就是其强度包线,这条包线实际上是一条曲线,但实际上常作直线处理,以简化分析。

【例 5-1】地基中某一单元土体上的大主应力为 430 kPa,小主应力为 200 kPa。通过试验测得土样的黏聚力 $c=15$ kPa,内摩擦角 $\varphi=20°$。试问:该单元土体处于何种状态?

【解】设达到极限平衡状态时所需的最大主应力为 σ_{1f},则由式(5-5)得

$$\sigma_{1f}=\sigma_3\tan^2\left(45°+\dfrac{\varphi}{2}\right)+2c\tan\left(45°+\dfrac{\varphi}{2}\right)$$

$$=430\times\tan\left(45°+\dfrac{20°}{2}\right)+2\times15\times\tan\left(45°+\dfrac{20°}{2}\right)$$

$$=450.8(\text{kPa})$$

因为 $\sigma_{1f}>\sigma_1$,所以极限应力圆半径大于实际应力圆半径,所以该单元土体处于弹性平衡状态。

5.3　土的抗剪强度指标的测定方法

土的抗剪强度是决定建筑物和构筑物地基稳定性的重要因素,因而正确测定土的抗剪强度指标对工程建设具有重要的意义。目前室内常用的有直接剪切试验、三轴剪切试验、无侧限抗压强度试验,现场原位测试则有十字板剪切试验等。下面介绍室内常用的试验方法。

5.3.1　直接剪切试验

直接剪切试验简称直剪试验,是测定土的抗剪强度的最简单的方法。它可直接测出给定剪切面上土的抗剪强度。试验所使用的仪器称为直接剪切仪或直剪仪,按加荷方式的不同,直剪仪分为应变控制式和应力控制式两种。前者是等速水平推动试样产生位移并测定相应的剪应变,当量力环中表针不再增大时,认为试样已剪坏,测定其相应的剪应力;后者则是对试样分级施加剪应力测定相应的剪切位移,在某一级剪应力下,如相应的

剪切位移不断增加而不能稳定,认为试样已剪坏。目前我国普遍采用的是应变控制式直剪仪,如图5-5所示。该仪器的主要部件由固定的上盒和活动的下盒组成,试样放在盒内上下两块透水石之间。

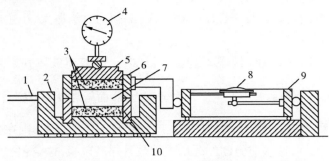

1—轮轴;2—底座;3—透水石;4—测微表;5—加压上盖;
6—上盒;7—土样;8—测微表;9—量力环;10—下盒

图5-5 应变控制式直剪仪

试验时,将上下盒对正,然后用环刀切取土样,并将其推入由上下盒组成的剪切盒中,通过加压系统对土样施加垂直压力 p,由轮轴匀速推进下盒施加剪应力,使试样沿固定剪切面产生剪切变形,直至破坏。剪切面上的剪应力值由与上盒接触的量力环的变形值推算。活塞上的测微表用于测定试样在法向应力作用下的固结变形和剪切过程中试样的体积变化。

在剪切试验过程中,隔一定时间测读试样剪应力大小,根据试验记录,绘制在法向应力 σ 条件下,试样剪切位移 $\Delta\lambda$(上、下盒水平相对位移)与剪应力 τ 的对应关系曲线。不同类型的土具有不同的 τ-$\Delta\lambda$ 关系曲线,如图5-6所示。

对于硬黏土或密实砂土的 τ-$\Delta\lambda$ 关系曲线,具有明显的峰值,峰值为土的抗剪强度,如图5-6中的曲线 A;对于软黏土或松砂的 τ-$\Delta\lambda$ 关系曲线,其往往不出现峰值,强度随剪切位移的增加而缓慢增大,可取对应于某一剪切位移值的剪应力作为土的

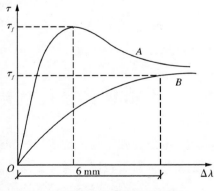

图5-6 剪应力与剪切位移关系

抗剪强度值,《土工试验方法标准》(GB/T 50123—2019)规定当剪切过程中测力计读数无峰值时,应剪切至剪切位移为6 mm时停机,记下破坏值,这点的剪应力作为抗剪强度 τ_f,如图5-6中的曲线 B。

为确定土的抗剪强度指标,对同一种土的每组试验,通常所采用土样不少于4个,在不同的垂直压力 σ_1、σ_2、σ_3、σ_4、…(一般可取100 kPa、200 kPa、300 kPa、400 kPa、…)作用下进行剪切试验,求得相应的抗剪强度 τ_f,将 τ_f 与 σ 绘于直角坐标系中,即得该土的抗剪强度包线,如图5-7所示。对于黏性土,抗剪强度与法向应力之间近似呈直线关系,强度

普通高等教育土木类专业"十四五"系列教材

包线与 σ 轴的夹角即为内摩擦角 φ,τ 轴上的截距即为土的黏聚力 c,直线方程可用式(5-2)表示;对于砂性土,抗剪强度与法向应力之间的关系基本上是一条通过坐标原点的直线,可用式(5-1)表示。

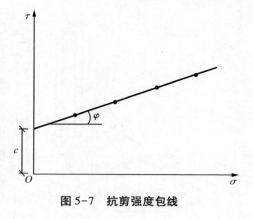

图 5-7 抗剪强度包线

为了在直剪试验中能尽量考虑实际工程中存在的不同固结排水条件,通常采用不同加荷速率的试验方法来近似模拟土体在受剪时的不同排水条件,由此产生了三种不同的直剪试验方法,即快剪、固结快剪和慢剪。

(1)快剪:快剪试验是在土样上下两面均贴不透水纸,在施加法向压力后即施加水平剪力,使土样在 3~5 min 内剪坏,由于剪切速率较快,得到的抗剪强度指标用 c_q、φ_q 表示。

(2)固结快剪:固结快剪是在法向压力作用下使土样完全固结,然后很快施加水平剪力,使土样在剪切过程中来不及排水,得到的抗剪强度指标用 c_{cq}、φ_{cq} 表示。

(3)慢剪:慢剪试验是先让土样在竖向压力下充分固结,然后再慢慢施加水平剪力,直至土样发生剪切破坏。试样在受剪过程中一直充分排水和产生体积变形,得到的抗剪强度指标用 c_s、φ_s 表示。

直接剪切试验的优点是仪器设备简单、试样制备及试验操作方便等,因而至今仍为国内一般工程所广泛使用。但直剪试验也存在缺点,主要包括:

(1)剪切面限定在上、下盒之间的平面,而不是沿土样的最薄弱面剪切破坏。

(2)剪切面上剪应力分布不均匀,且竖向荷载会发生偏转(上、下盒的中轴线不重合)。在剪切过程中,土样剪切面积逐渐缩小,而在计算抗剪强度时仍按土样的原截面积计算。

(3)试验时不能严格控制试样的排水条件,并且不能测孔隙水压力。

(4)试验时上、下盒之间的缝隙中容易嵌入砂粒,使试验结果偏大。

5.3.2　三轴剪切试验

三轴剪切试验是一种较完善的测定土抗剪强度的试验方法。三轴剪力仪(简称三轴仪)同样分应变控制式和应力控制式两种。三轴仪的构造简图如图 5-8 所示,三轴仪由压力室、加载系统(轴向和周围压力施加系统)和量测系统等构成。目前较先进的三轴仪还配备有自动化控制系统、电测和数据自动采集系统等。三轴仪的主要组成部分是压力室,它是一个圆形密闭容器,由金属上盖、底座和透明有机玻璃圆筒组成;轴向加压系统对试样施加轴向附加压力,并可控制轴向应变的速率;周围压力系统对试样施加周围压力;试样为圆柱形,并用橡皮膜包裹起来,以使试样中的孔隙水与膜外液体(水)完全隔开,试样中的孔隙水可通过土样底部的透水面与孔隙水压力量测系统连通,并由孔隙水压力阀门控制。

普通高等教育土木类专业"十四五"系列教材

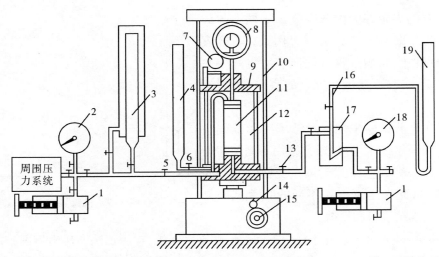

1—调压筒;2—周围压力表;3—体变管;4—排水管;5—周围压力阀;6—排水阀;7—变形量表;
8—量力环;9—排气孔;10—轴向加压设备;11—试样;12—压力室;13—孔降压力阀;14—离合器;
15—手轮;16—量管阀;17—零位指示;18—孔隙水压力表;19—量管

图5-8 三轴剪力仪

试验时,通过周围压力系统向压力室充水后施加所需的压力,使试样各向受到周围压力 σ_3 作用,然后由轴向加压系统通过传力杆对试样施加轴向附加压力 $\Delta\sigma$($\Delta\sigma = \sigma_1 - \sigma_3$,称为偏应力)。试验过程中,$\sigma_3$ 维持不变,试样的轴向应力(大主应力)σ_1($\sigma_1 = \Delta\sigma + \sigma_3$)不断增大,其莫尔应力圆亦逐渐扩大至极限应力圆,试样最终被剪破,极限应力圆可由试样剪破时的 σ_1 和 σ_3 作出,如图5-9(a)所示。

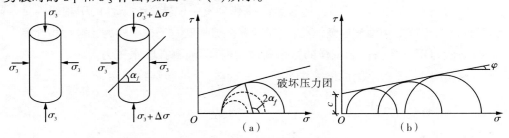

图5-9 三轴剪切试验原理

在给定的周围压力 σ_3 作用下,一个试样的试验只能得到一个极限应力圆。同种土样至少需要3个以上试样在不同的 σ_3 作用下进行试验,方能得到一组极限应力圆,绘出极限应力圆的公切线,即为该土样的抗剪强度包线,通常近似取一直线。该直线与横坐标的夹角即为土的内摩擦角 φ,纵坐标的截距即为土的黏聚力 c,如图5-9(b)所示。

三轴试验的突出优点是能严格控制试样的排水条件,从而可以量测试样中的孔隙水压力,以定量地获得土中有效应力的变化情况。此外,试样中的应力分布比较均匀,破裂面产生于试样最薄弱处。一般情况下,三轴试验的结果还是比较可靠的,因此,三轴压缩仪是土工试验不可缺少的仪器设备。但因为该仪器较复杂,操作技术要求高,且试样制备比较麻烦,而且试验是在轴对称情况下进行的,即试件所受的三个主应力中,有两个是相等的,其实在实际土体中,土的受力情况并非属于这类轴对称情况。

5.3.3 无侧限抗压强度试验

无侧限抗压强度是指试样在侧面不受任何限制的条件下,抵抗轴向压力的极限强度。无侧限抗压强度试验实际上是三轴压缩试验的一种特殊情况。试验时,将圆柱形试样置于图 5-10(a)所示的无侧限压缩仪中进行,试样在试验过程中侧向不受任何限制[见图 5-10(b)]。由于试样的侧向压力为零,只有轴向受压,故称为无侧限抗压试验。

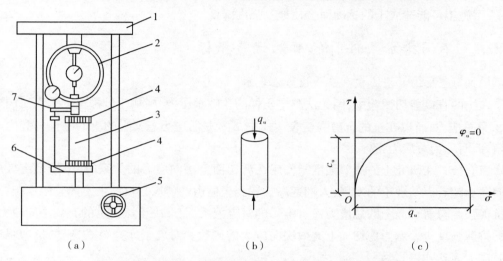

（a） （b） （c）

1—轴向加压架;2—轴向测力计;3—试样;4—上、下传压板;
5—手轮或电动转轮;6—升降板;7—轴向位移计

图 5-10 应变控制式无侧限抗压强度试验

无侧限抗压试验中,无侧限抗压强度 q_u 相当于三轴压缩试验中试样在 $\sigma_3 = 0$ 条件下破坏时的大主应力 σ_1。由于试验时 $\sigma_3 = 0$,所以根据试验成果只能作出一个极限应力圆,对于一般非饱和黏性土,难以作出强度包线。

对于饱和黏性土,根据三轴不排水剪试验成果,其强度包线近似于一水平线,即 $\varphi_u = 0$。故无侧限抗压试验适用于测定饱和软黏土的不排水强度,如图 5-10(c)所示。在 τ-σ 坐标系中,以无侧限抗压强度 q_u 为直径,通过 $\sigma_3 = 0$,$\sigma_1 = q_u$ 作极限应力圆,其水平切线就是强度包线,该线在 τ 轴上的截距 c_u 即等于抗剪强度 τ_f,即

$$\tau_f = c_u = \frac{q_u}{2} \tag{5-10}$$

式中 c_u——饱和软黏土的不排水强度,kPa。

饱和黏性土的强度与土的结构有关,当土的结构遭受破坏时,其强度会迅速降低,工

程上常用灵敏度 S_t 来反映土的结构性强弱。

$$S_t = \frac{q_u}{q_0} \qquad (5-11)$$

式中　q_u——原状土的无侧限抗压强，kPa；

　　　q_0——重塑土（指在含水量不变的条件下使土的天然结构彻底破坏再重新制备的土）的无侧限抗压强度，kPa。

根据灵敏度的大小，可将饱和黏性土分为三类：低灵敏土（$1 < S_t \leqslant 2$）、中灵敏土（$2 < S_t \leqslant 4$）和高灵敏土（$S_t > 4$）。土的灵敏度越高，其结构性越强，受扰动后土的强度降低越多。黏性土受扰动而强度降低的性质，一般说来对工程建设是不利的，如在基坑开挖过程中，因施工可能造成土的扰动而会使地基强度降低。

5.3.4　不同排水条件时的剪切试验指标

1. 抗剪强度的总应力法和有效应力法表示

在土的直接剪切试验中，因无法测定土样的孔隙水压力，施加于试样上的垂直法向应力 σ 是总应力，所以在土的抗剪强度表达式中，c、φ 是总应力意义上的土的黏聚力和内摩擦角，此时称为总应力指标。

库仑公式在研究土的抗剪强度与作用在剪切面上法向应力的关系时，未涉及有效应力问题。随着固结理论的发展，人们逐渐认识到土体内的剪应力仅能由土的骨架承担，土的抗剪强度与剪切面上的总应力没有唯一的对应关系，而取决于该面上的有效法向应力，土的抗剪强度应表示为剪切面上有效法向应力的函数。对应于库仑公式，土的抗剪强度有效应力表达式可写为

$$\tau_f = c' + \sigma' \tan \varphi' \qquad (5-12)$$

式中　σ'——剪切破坏面上的法向有效应力，$\sigma' = \sigma - u$，kPa；

　　　c'、φ'——土的有效黏聚力和有效内摩擦角。

有效应力法确切地表示出了土的抗剪强度的实质，是比较合理的表示方法。但由于在分析中需要测定孔隙水压力，而这在许多实际工程中难以做到，目前在工程中更多地使用总应力法。

2. 不同排水条件时的试验方法

土的抗剪强度与试验时的排水条件密切相关，根据土体现场受剪的排水条件，三轴剪切试验可分为不固结不排水剪切试验（UU 试验）、固结不排水剪切试验（CU 试验）、排水剪切试验（CD 试验）三种基本方法，分别对应于直接剪切试验中的快剪、固结快剪、慢剪。

（1）不固结不排水剪切试验（UU 试验）。简称不排水剪，不固结不排水剪切试验对试样不进行排水固结，剪切过程中不打开排水阀。进行剪切时，先施加围压，然后施加轴向压力，直至剪切破坏均关闭排水阀，整个试验过程，试样含水量保持不变，孔隙水压力也不能消散。成果表达为 c_u、φ_u。

用直剪仪进行快剪时,在土样的上下面与透水石之间用不透水薄膜隔开,施加预定的垂直压力后,立即施加水平剪力,并在 3~5 min 内将土样剪损,成果表达为 c_q、φ_q。

(2)固结不排水剪切试验(CU 试验)。试验前先对试样进行饱和,让试样充分饱和后,再进行试验。用三轴仪进行固结快剪试验时,打开排水阀,让试样在一定围压(σ_3)下排水固结,等试样固结完毕即孔隙水压力 $u=0$,关闭排水阀,再施加轴向应力,使试样在不排水条件下剪破,由于不排水,试样在剪切过程中没有任何体积变形,成果表达为 c_{cu}、φ_{cu}。

用直剪仪进行固结快剪时,进行剪切试验前,让试样在垂直压力下充分固结,剪切时速率较快,尽量使试样在剪切过程中不再排水,成果表达为 c_{cq}、φ_{cq}。

(3)排水剪切试验(CD 试验)。简称排水剪,试验前先让试样在一定围压(σ_3)下排水固结,试验时,整个过程中始终打开排水阀,不但要使试样在一定围压(σ_3)下充分排水固结,而且在剪切过程中也要让试样充分排水,试样含水量始终在变化,因此,剪切速率尽可能缓慢,成果表达为 c_d、φ_d。

用直剪仪进行慢剪时,让试样在垂直压力下充分固结稳定,再以缓慢的速率施加水平剪切力,直至试样剪切破坏,成果表达为 c_s、φ_s。

对于三轴试验成果,除用总应力强度表达外,还可以用有效应力指标 c'、φ' 表示,且对同一种土,用 UU、CU、CD 试验成果,都可获得相同的 c'、φ',它们不随试验方法而变。在实际工程中,由于工程条件不同,所采用的指标也不一样,土的抗剪强度指标随试验方法、排水条件的不同而异。

5.4　土的临塑荷载与极限荷载

5.4.1　地基变形的三个阶段

对地基土进行现场载荷试验时,一般可以得到如图 5-11 所示的荷载 p 与相应的稳定沉降 s 之间的关系曲线,对该 p-s 曲线的特性进行分析,就可以了解地基的承载性状。通常地基破坏的过程经历了三个阶段。

1. 压密阶段(或称线性变形阶段)

相当于 p-s 曲线上的 Oa 段。在这一阶段,p-s 曲线接近于直线,土中各点剪应力均小于土的抗剪强度,土体处于弹性平衡状态。在这一阶段,荷载板的沉降主要是由于土的压密变形引起的,见图 5-11(a)、(b)。把 p-s 曲线上相应于 a 点的荷载称为比例界限 p_{cr}。

2. 剪切阶段(或称弹塑性变形阶段)

相当于 p-s 曲线上的 ab 段。在这一阶段 p-s 曲线不再保持线性,沉降的增长率随荷载的增大而增加。在这个阶段,地基土中局部范围内(首先在基础边缘处)的剪应力达到

普通高等教育土木类专业"十四五"系列教材

土的抗剪强度,土体发生剪切破坏,这些区域称塑性区。随着荷载的继续增加,土中塑性区的范围也逐渐扩大[见图5-11(c)],直到土中形成连续的滑动面,土由载荷板两侧挤出而破坏。因此,剪切阶段也是地基中塑性区的发生与发展阶段。相应于 p-s 曲线 b 点的荷载称为极限荷载 p_u。

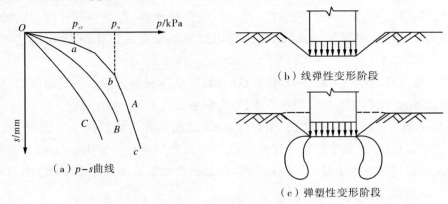

（a）p-s曲线

（b）线弹性变形阶段

（c）弹塑性变形阶段

图 5-11　地基破坏的三个阶段

3.破坏阶段

相当于 p-s 曲线上的 bc 段。当荷载超过极限荷载后,荷载板急剧下沉,即使不增加荷载,沉降也不能稳定,因此,p-s 曲线陡直下降,在这一阶段,由于土中塑性区范围不断扩展,最后在土中形成连续滑动面[见图5-12(a)],土从载荷板四周挤出隆起,基础急剧下沉或向一侧倾斜,地基发生整体剪切破坏。

试验研究表明:地基剪切破坏的形式除了有整体剪切破坏以外,还有局部剪切破坏和刺入剪切破坏(也称冲剪破坏),如图 5-12 所示。

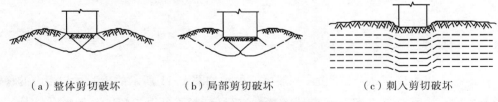

（a）整体剪切破坏　　　（b）局部剪切破坏　　　（c）刺入剪切破坏

图 5-12　地基破坏形式

5.4.2　临塑荷载

临塑荷载的基本公式建立于下述理论之上:

（1）应用弹性理论计算附加应力;

（2）利用强度理论建立极限平衡条件。

图 5-13 为一条形基础承受中心荷载,基底压力为 p。按弹性理论可以导出地基内任一点 M 处的大主应力(σ_1)、小主应力(σ_3)的计算公式为

$$\begin{matrix}\sigma_1\\\sigma_3\end{matrix} = \frac{p}{\pi}(2\alpha \pm \sin 2\alpha) \tag{5-13}$$

普通高等教育土木类专业"十四五"系列教材

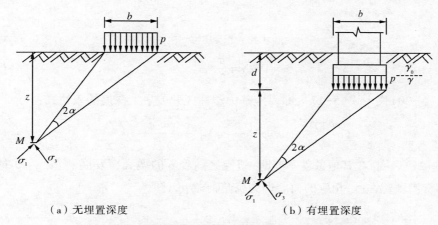

（a）无埋置深度　　　　　　　　（b）有埋置深度

图 5-13　均布条形荷载作用下地基中的主应力计算

若考虑土体重力的影响时,则 M 点由土体重力产生的竖向应力为 $\sigma_{cz}=\gamma z$,水平向应力为 $\sigma_{cx}=K_0\gamma z$。若土体处于极限平衡状态时,可假定土的侧压力系数 $K_0=1$,则土的重力产生的压应力将如同静水压力一样,在各个方向是相等的,均为 γz。这样,如图 5-13(a)所示情况,当考虑土的重力时,M 点的最大主应力(σ_1)及最小主应力(σ_3)为

$$\left.\begin{array}{c}\sigma_1\\\sigma_3\end{array}\right\}=\frac{p}{\pi}(2\alpha\pm\sin 2\alpha)+\gamma z \tag{5-14}$$

若条形基础的埋置深度为 d 时[见图 5-13(b)],基底附加压力为 $p-\gamma_0 d$,由土自重作用在 M 点产生的主应力为 $\gamma_0 d+\gamma z$。由此可得,土中任意点 M 的主应力为

$$\left.\begin{array}{c}\sigma_1\\\sigma_3\end{array}\right\}=\frac{p-\gamma_0 d}{\pi}(2\alpha\pm\sin 2\alpha)+\gamma_0 d+\gamma z \tag{5-15}$$

当 M 点处于极限平衡状态时,该点的大、小主应力应满足极限平衡条件:

$$\sin\varphi=\frac{\sigma_1-\sigma_3}{\sigma_1+\sigma_3+2c\times\cot\varphi} \tag{5-16}$$

将式(5-15)代入式(5-16),整理后得

$$z=\frac{p-\gamma_0 d}{\gamma\pi}\left(\frac{\sin 2\alpha}{\sin\varphi}-2\alpha\right)-\frac{c\times\cot\varphi}{\gamma}-d\cdot\frac{\gamma_0}{\gamma} \tag{5-17}$$

式(5-17)就是土中塑性区边界线的表达式,描述了极限平衡区边界线上的任一点的坐标 z 与 2α 的关系,如图 5-14 所示。

塑性区的最大深度 z_{max} 可由 $\dfrac{\mathrm{d}z}{\mathrm{d}\alpha}=0$ 的条件求得,即

$$\frac{\mathrm{d}z}{\mathrm{d}\alpha}=\frac{2(p-\gamma_0 d)}{\gamma\pi}\left(\frac{\cos 2\alpha}{\sin\varphi}-1\right)=0 \tag{5-18}$$

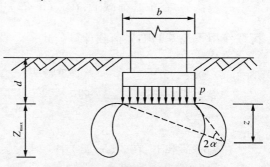

图 5-14　条形基底边缘的塑性区

103

则有

$$\cos 2\alpha = \sin \varphi \qquad (5-19)$$

或

$$2\alpha = \frac{\pi}{2} - \varphi \qquad (5-20)$$

将式(5-20)代入式(5-17),即得地基中塑性区开展最大深度的表达式:

$$z = \frac{p - \gamma_0 d}{\gamma \pi} \left[\cot \varphi - \left(\frac{\pi}{2} - \varphi \right) \right] - \frac{c \times \cot \varphi}{\gamma} - d \cdot \frac{\gamma_0}{\gamma} \qquad (5-21)$$

式(5-21)表明,在其他条件不变时,塑性区随着 p 的增大而发展,当 $z_{\max} = 0$ 时,表示地基中即将出现塑性区,相应的荷载即为临塑荷载 p_{cr},即

$$p_{cr} = \frac{\cot \varphi + \varphi + \frac{\pi}{2}}{\cot \varphi + \varphi - \frac{\pi}{2}} \gamma_0 d + \frac{\pi \cdot c \cdot \cot \varphi}{\cot \varphi + \varphi - \frac{\pi}{2}} = \frac{\pi(\gamma_0 d + c \cdot \cot \varphi)}{\cot \varphi + \varphi - \frac{\pi}{2}} + \gamma_0 d \qquad (5-22)$$

5.4.3 临界荷载

工程实践表明:采用上述临塑荷载 p_{cr} 作为地基承载力,十分安全且偏于保守。这是因为在临塑荷载作用下,地基处于压密状态,即使地基中发生少量局部剪切破坏,地基中塑性区有所发展,只要塑性变形区的范围控制在一定限度,就不影响此建筑物的安全和正常使用。因此,可以适当提高地基承载力的数值,降低工程量,节省造价。工程中允许塑性区发展范围的大小,与建筑物的类型、荷载性质以及地基土的物理力学性质等因素有关。

当地基中的塑性变形区最大深度为

中心荷载基础
$$z_{\max} = \frac{b}{4}$$

偏心荷载基础
$$z_{\max} = \frac{b}{3}$$

与此相对应的基础底面压力,称为临界荷载 $p_{1/4}$ 或 $p_{1/3}$。

一般认为,在中心荷载下,在式(5-21)中,令 $z_{\max} = \frac{b}{4}$(b 为基础宽度),整理可得中心荷载作用下地基的临界荷载计算公式:

$$p_{1/4} = \frac{\pi(\gamma_0 d + \frac{1}{4}\gamma b + c \cdot \cot \varphi)}{\cot \varphi - \frac{\pi}{2} + \varphi} + \gamma_0 d \qquad (5-23)$$

在偏心荷载下,在式(5-21)中,令 $z_{\max} = \frac{b}{3}$,整理可得偏心荷载作用下地基的临界荷载计算公式:

普通高等教育土木类专业"十四五"系列教材

$$p_{1/3} = \frac{\pi(\gamma_0 d + \frac{1}{3}\gamma b + c \cdot \cot\varphi)}{\cot\varphi - \frac{\pi}{2} + \varphi} + \gamma_0 d \tag{5-24}$$

以上式中各符号意义同前。

通过上述临塑荷载及临界荷载计算公式的推导,可以看到这些公式是建立在下述假定基础上的:

(1)计算公式适用于条形基础。若将它近似地用于矩形和圆形基础,其结果是偏于安全的。

(2)在计算土中由自重产生的主应力时,假定土的侧压力系数 $K_0 = 1$,这与土的实际情况不符,但这样可使计算公式简化。

(3)在计算临界荷载 $p_{1/4}$ 时,土中已出现塑性区,但这时仍按弹性理论计算土中应力,这在理论上是相互矛盾的,其所引起的误差随着塑性区范围的扩大而扩大。

【例 5-2】某工程为粉质黏土地基,已知土的重度 $\gamma = 18.8\ \text{kN/m}^3$,黏聚力 $c = 16\ \text{kPa}$,内摩擦角 $\varphi = 14°$,如果设置一宽度 $b = 1\ \text{m}$、埋深 $d = 1.2\ \text{m}$ 的条形基础,试求该地基的 p_{cr} 和 $p_{1/4}$ 值。

【解】由式(5-22)可知

$$p_{cr} = \frac{\pi(\gamma_0 d + c \cdot \cot\varphi)}{\cot\varphi + \varphi - \frac{\pi}{2}} + \gamma_0 d$$

$$= \frac{3.14(18.8\times1.2 + 16\times\cot 14°)}{\cot 14° + 14\times\frac{\pi}{180} - \frac{\pi}{2}} + 18.8\times1.2$$

$$= 124(\text{kPa})$$

由式(5-23)可知

$$p_{1/4} = \frac{\pi(\gamma_0 d + \frac{1}{4}\gamma b + c \cdot \cot\varphi)}{\cot\varphi - \frac{\pi}{2} + \varphi} + \gamma_0 d$$

$$= \frac{3.14(18.8\times1.2 + \frac{1}{4}\times18.8\times1 + 16\times\cot 14°)}{\cot 14° - \frac{\pi}{2} + 14\times\frac{\pi}{180}} + 18.8\times1.2$$

$$= 129.5(\text{kPa})$$

5.4.4 极限荷载

地基的极限荷载指的是地基在外荷载作用下产生的应力达到极限平衡时的荷载。作用在地基上的荷载较小时,地基处于压密状态。随着荷载的增大,地基中产生局部剪切破坏的塑性区也越来越大。当荷载达到极限值时,地基中的塑性区已发展为连续贯通的滑动面,使地基丧失整体稳定而滑动破坏。世界各国计算极限荷载的公式有很多种,下面主要介绍几种常用的计算公式。

1. 普朗特尔地基极限承载力公式

假定条形基础置于地基表面($d=0$),地基土无重量($\gamma=0$),且基础底面光滑无摩擦力,当基础下形成连续的塑性区且处于极限平衡状态时,普朗特尔(L. Prandtl,1920)根据塑性力学得到的地基滑动面性状如图 5-15 所示。

地基的极限平衡区可分为 3 个区:在基底下的 I 区,因假定基底无摩擦力,故基底平面是最大主应力面,基底竖向压力是大主应力,对称面上的水平向压力是最小主应力(即朗肯主动土压力),两组滑动面与基础底面间成($45°+\frac{\varphi}{2}$)角,也就是说 I 区是朗肯主动状态区;随着基础下沉,I 区土楔向两侧挤压,因此 III 区因水平向应力成为大主应力(即朗肯被动土压力)而为朗肯被动状态区,滑动面也是由两组平面组成,由于地基表面为最小主应力平面,故滑动面与地基表面成($45°-\frac{\varphi}{2}$)角;I 区与 III 区的中间是过渡区 II,第 II 区的滑动面一组是辐射线,另一组是对数螺旋曲线,如图 5-15 中的 CD 及 CE,其方程式为

$$r=r_0 e^{\theta \tan \varphi} \tag{5-25}$$

式中 r——从起点 o 到任意 m 的距离(图 5-16);

r_0——沿任一所选择的轴线 on 的距离;

θ——on 与 om 之间的夹角,任一点 m 的半径与该点的法线成 φ 角。

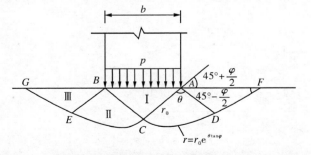

图 5-15 普朗特尔公式的滑动面形状

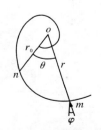

图 5-16 对数螺旋线

对以上情况,普朗特尔得出条形基础的地基极限荷载的理论公式如下:

$$p_u = c \left[e^{\pi \cdot \tan \varphi} \cdot \tan^2 \left(\frac{\pi}{4} + \frac{\varphi}{2} \right) - 1 \right] \cdot \cot \varphi = c N_c \tag{5-26}$$

普通高等教育土木类专业"十四五"系列教材

普朗特尔公式是假定基础设置于地基的表面,但一般基础均有一定的埋置深度。若考虑基础的埋深 d,则将基底平面以上的覆土以压力 $q=\gamma_0 d$ 代替,雷斯诺(H. Reissner, 1924)在普朗特尔公式假定的基础上,得到当不考虑土重力时,埋置深度为 d 的条形基础的极限承荷载公式:

$$p_u = c\left[e^{\pi \cdot \tan\varphi} \cdot \tan^2\left(\frac{\pi}{4}+\frac{\varphi}{2}\right)-1\right] \cdot \cot\varphi + qe^{\pi \cdot \tan\varphi} \cdot \tan^2\left(\frac{\pi}{4}+\frac{\varphi}{2}\right) \qquad (5-27)$$

$$= cN_c + qN_q$$

上述公式均假定土的重度 $\gamma=0$,但由于土的强度很小,内摩擦角也不等于零,因此不考虑土的重力作用是不妥当的。若考虑土的重力,普朗特尔推导得到的滑动面 II 区就不再是对数螺旋线了,其滑动面形状很复杂,目前尚无法按极限平衡理论求得其解析值。

2. 太沙基地基极限承载力公式

K. 太沙基(K. Terzaghi,1943)提出了条形浅基础的极限荷载公式。太沙基从实用考虑认为,当基础的长宽比 $l/b \geqslant 5$ 及基础的埋置深度 $d \leqslant b$ 时,就可视为是条形浅基础。基底以上的土体看作是作用在基础两侧地面上的均布荷载 q,$q=\gamma_0 d$。

太沙基假定基础底面是粗糙的,地基滑动面的形状如图 5-17 所示,也可以分成 3 个区:I 区是在基底底面下的土楔 ABC,由于基底是粗糙的,具有很大的摩擦力,因此 AB 面不会发生剪切位移,I 区内土体不是处于朗肯主动状态,而是处于弹性压密状态,它与基础底面一起移动,并假定滑动面 AC(或 BC)与水平面成 φ 角。II 区的假定与普朗特尔公式一样,滑动面是一组通过 A、B 点的辐射线,另一组是对数螺旋曲线 CD、CE。前面已指出,如果考虑土的重度,滑动面就不会是对数螺旋曲线,目前尚不能求得两组滑动面的解析值,太沙基忽略了土的重度对滑动面形状的影响,是一种近似解。由于滑动面 AC 与 CD 间的夹角应该等于 $\left(\frac{\pi}{2}+\varphi\right)$,所以对数螺旋曲线在 C 点的切线是竖直的。III 区是朗肯被动状态区,滑动面 AD 及 DF 与水平面成 $\left(\frac{\pi}{4}-\frac{\varphi}{2}\right)$ 角。

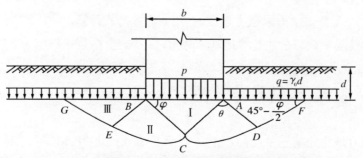

图 5-17　太沙基公式滑动面形状

太沙基公式不考虑基底以上基础两侧土体抗剪强度的影响,以均布荷载 $q=\gamma_0 d$ 来代替埋深范围内的土体自重。根据弹性土楔 ABC 的静力平衡条件,可求得太沙基极限承载力公式：

$$p_u = \frac{1}{2}\gamma b N_r + q N_q + c N_c \qquad (5-28)$$

式中 q——基底面以上基础两侧荷载，kPa；

b、d——基底宽度和埋置深度，m；

N_c、N_q、N_r——承载力系数，与土的内摩擦角 φ 有关，可查表5-1得到。

表 5-1   太沙基公式承载力系数表

φ	0°	5°	10°	15°	20°	25°	30°	35°	40°	45°
N_r	0	0.51	1.20	1.80	4.0	11.0	21.8	45.4	125	326
N_q	1.0	1.64	2.69	4.45	7.42	12.7	22.5	41.4	81.3	173.3
N_c	5.71	7.32	9.58	12.9	17.6	25.1	37.2	57.7	95.7	172.2

式（5-28）适用于条形基础，对于圆形基础或方形基础，太沙基提出了半经验的极限荷载公式：

圆形基础

$$p_u = 0.6\gamma R N_r + q N_q + 1.2 c N_c \qquad (5-29)$$

式中 R——圆形基础的半径，m；其余符号意义同前。

方形基础：

$$p_u = 0.4\gamma b N_r + q N_q + 1.2 c N_c \qquad (5-30)$$

式（5-28）~式（5-30）只适用于地基土是整体剪切破坏情况，即地基土较密实，其 $p-s$ 曲线有明显的转折点，破坏前沉降不大等情况。对于松软土质，地基破坏是局部剪切破坏，沉降较大，其极限荷载较小。太沙基建议将 c 和 $\tan\varphi$ 值均降低 1/3，即

$$c' = \frac{2}{3}c,\ \tan\varphi' = \frac{2}{3}\tan\varphi \qquad (5-31)$$

根据 $\bar{\varphi}$ 值从表5-1中查承载力系数，并用 $\bar{c}$ 代入公式计算。

用太沙基极限承载力公式计算地基承载力时，其安全系数一般取为3。

5.5   地基承载力的确定

地基承载力是指地基土单位面积上所能承受荷载的能力，以"kPa"计。一般用地基承载力特征值来表述。地基承载力特征值（f_{ak}）是指由载荷试验测定的地基土压力变形曲线线性变形阶段内规定的变形所对应的压力值，其最大值为比例界限值。地基承载力的确定是一个与地基土的性质、建筑物的特点等多种因素有关的复杂问题。下面分别介绍规范法、理论公式计算法、现场原位测试法、经验法确定地基承载力的方法。

108

5.5.1　规范法

《建筑地基基础设计规范》(GB 50007—2011)(以下简称《规范》)是根据大量建筑工程实践经验、现场载荷试验、标准贯入试验、轻便触探试验和室内土工试验数据,对相应的地基承载力进行统计、分析制定的。《规范》取消了地基承载力表,但现行的地方规范和行业规范仍然提供了地基承载力表。

根据标准贯入试验锤击数 $N_{63.5}$ 与轻便触探试验锤击数 N_{10} 确定承载力特征值 f_{ak}。

$$N_{63.5}(\text{或 } N_{10}) = \mu - 1.645\sigma \tag{5-32}$$

式中　μ——现场试验锤击数平均值,$\mu = \dfrac{\sum\limits_{i=1}^{n}\mu_i}{n}$;

　　　σ——标准差,$\sigma = \sqrt{\dfrac{\sum\limits_{i=1}^{n}\mu^2 - n\mu^2}{n-1}}$;

　　　n——统计的样本数,$n \geq 6$。

计算值取整数,再分别查表 5-2 至表 5-7 可得相应土的承载力特征值。

表 5-2　砂土承载力特征值 f_{ak}　　　　　　　　　　　　　　　单位:kPa

土类	$N_{63.5}$			
	10	15	30	50
中、粗砂	180	250	340	500
粉、细砂	140	180	250	340

表 5-3　黏性土承载力特征值 f_{ak}(一)　　　　　　　　　　　单位:kPa

$N_{63.5}$	3	5	7	9	11	13	15	17	19	21	23
f_{ak}	105	145	190	235	280	325	370	430	515	600	680

表 5-4　黏性土承载力特征值 f_{ak}(二)　　　　　　　　　　　单位:kPa

N_{10}	15	20	25	30
f_{ak}	105	145	190	230

注:N_{10} 指锤重为 10 kg 的轻便触探试验贯入击数。

表 5-5　素填土承载力特征值 f_{ak}　　　　　　　　　　　　　　单位:kPa

N_{10}	10	20	30	40
f_{ak}	85	115	135	160

注:本表只适用于黏性土与粉土组成的素填土。根据野外鉴别结果可以确定地基承载力特征值 f_{ak}。

表 5-6　岩石承载力特征值 f_{ak}　　　　　　　　单位:kPa

岩石类型	风化程度		
	强风化	中等风化	微风化
硬质岩石	500~600	1500~2500	≥4000
软质岩石	200~500	700~1200	1500~2000

注:对于微风化的硬质岩石,其承载力取用大于 4000 kPa 时,应由试验确定;对于强风化的岩石,当与残积土难以区分时,按土考虑。

表 5-7　碎石土承载力特征值 f_{ak}　　　　　　　　单位:kPa

土的名称	密实度		
	稍密	中密	密实
卵石	300~500	500~800	800~1000
碎石	250~400	400~700	700~900
圆砾	200~300	300~500	500~700
角砾	200~250	250~400	400~600

注:表中数值适用于骨架颗粒孔隙全部由中砂、粗砂或硬塑、坚硬状态的黏性土或稍湿的粉土充填;当粗颗粒为中等风化或强风化时,可按其风化程度适当降低承载力,当颗粒间呈半胶结状态时,可适当提高承载力。

《建筑地基基础设计规范》(GB 50007—2011)规定当基础宽度大于 3 m 或埋置深度大于 0.5 m 时,从载荷试验或其他原位测试、经验值等方法确定地基承载力特征值,尚应按下式修正:

$$f_a = f_{ak} + \eta_b \gamma (b-3) + \eta_d \gamma_m (d-0.5) \tag{5-33}$$

式中　f_a——修正后的地基承载力特征值,kPa。

　　　f_{ak}——地基承载力特征值,kPa,由载荷试验或其他原位测试、公式计算并结合工程实践经验等方法综合确定。

　　　η_b、η_d——基础宽度和埋深的地基承载力修正系数,按基底下土的类别查表 5-8 取值。

　　　γ——基础底面以下土的重度,地下水位以下取浮重度。

　　　γ_m——基础底面以上土的加权平均重度,地下水位以下取浮重度。

　　　b——基础底面宽度,m,当基宽小于 3 m 按 3 m 取值,大于 6 m 按 6 m 取值。

　　　d——基础埋置深度,m,一般自室外地面标高算起。在填方整平地区,可自填土地面标高算起,但填土在上部结构施工后完成时,应从天然地面标高算起。对于地下室,如采用箱形基础或筏形基础时,基础埋置深度自室外地面标高算起;当采用独立基础或条形基础时,应从室内地面标高算起。

表 5-8　承载力修正系数

土的类别		η_b	η_d
淤泥和淤泥质土		0	1.0
人工填土 e 或 I_L 大于等于 0.85 的黏性土		0	1.0
红黏土	含水比 $\alpha_w>0.8$	0	1.2
	含水比 $\alpha_w\leqslant 0.8$	0.15	1.4
大面积压实填土	压实系数大于 0.95、黏粒含量 $\rho_c\geqslant 10\%$ 的粉土	0	1.5
	最大干密度大于 2.1 t/m³ 的级配砂石	0	2.0
粉土	黏粒含量 $\rho_c\geqslant 10\%$ 的粉土	0.3	1.5
	黏粒含量 $\rho_c<10\%$ 的粉土	0.5	2.0
e 及 I_L 均小于 0.85 的黏性土		0.3	1.6
粉砂、细砂(不包括很湿与饱和时的稍密状态)		2.0	3.0
中砂、粗砂、砾砂和碎石土		3.0	4.4

注:1. 强风化和全风化的岩石,可参照所风化成的相应土类取值;其他状态下的岩石不修正。

2. 地基承载力特征值按 GB 50007—2011 附录 D 深层平板载荷试验确定时取 $\eta_d=0$。

3. 含水比是指土的天然含水量与液限的比值。

4. 大面积压实填土是指填土范围大于两部基础宽度的填土。

5.5.2　理论公式计算法

地基承载力的理论公式中,一种是由土体极限平衡条件导出的临塑荷载和临界荷载计算公式,另一种是根据地基土刚塑性假定而导出的极限承载力计算公式。工程实践中,根据建筑物不同的要求,可以用临塑荷载或临界荷载作为地基承载力容许值,也可以用极限承载力公式计算得到的极限承载力除以一定的安全系数作为地基承载力容许值。

(1)临塑荷载公式

$$f_a=p_{cr}=N_d\gamma_m d+N_c c \tag{5-34}$$

(2)临界荷载公式

$$f_a=p_{\frac{1}{4}}=N_{1/4}\gamma b+N_d\gamma_m d+N_c c \tag{5-35}$$

(3)极限荷载除以安全系数

$$f_a=\frac{P_u}{K}\frac{1}{K}(\frac{1}{2}\gamma bN_\gamma+cN_c+qN_q) \tag{5-36}$$

(4)《规范》公式

对于竖向荷载偏心和水平力不大的基础来说,当偏心距 e 小于或等于 0.033 基础底面宽度时,根据土的抗剪强度指标确定地基承载力特征值可按下式计算,并应满足变形要求:

$$f_a = M_b \gamma b + M_d \gamma_m d + M_c c_k \tag{5-37}$$

式中　f_a——由土的抗剪强度指标确定的地基承载力特征值；

M_b、M_d、M_c——承载力系数，按表5-9确定；

b——基础底面宽度，大于6 m时按6 m取值，对于砂土小于3 m时按3 m取值；

c_k——基底下1倍短边宽深度内土的黏聚力标准值。

表5-9　承载力系数 M_b、M_d、M_c

土的内摩擦角标准值 $\varphi_k /(°)$	M_b	M_d	M_c
0	0	1.00	3.14
2	0.03	1.12	3.32
4	0.06	1.25	3.51
6	0.10	1.39	3.71
8	0.14	1.55	3.93
10	0.18	1.73	4.17
12	0.23	1.94	4.42
14	0.29	2.17	4.69
16	0.36	2.43	5.00
18	0.43	2.72	5.31
20	0.51	3.06	5.66
22	0.61	3.44	6.04
24	0.80	3.87	6.45
26	1.10	4.37	6.90
28	1.40	4.93	7.40
30	1.90	5.59	7.95
32	2.60	6.35	8.55
34	3.40	7.21	9.22
36	4.20	8.25	9.97
38	5.00	9.44	10.80
40	5.80	10.84	11.73

注：φ_k 为基底下1倍短边宽度的深度范围内土的内摩擦角标准值。

5.5.3　现场原位测试法

对重要的甲级建筑，为进一步了解地基土的变形性能和承载能力，必须做现场原位载荷试验，以确定地基承载力。现场载荷试验是对现场试坑的天然土层的承压板施加竖直荷载，测定承压板压力与地基变形的关系，从而确定地基土承载力和变形模量等指标。

根据载荷试验的 $p-s$ 曲线来确定地基承载力特征值的方法：

(1)当 $p-s$ 曲线上有比例界限时，取该比例界限所对应的荷载(临塑荷载)值作为地基承载力容许值。

（2）当极限荷载小于对应比例界限的荷载值的 2 倍时，用极限荷载值除以安全系数 K 可得到承载力容许值，一般安全系数取 2~3。

（3）当不能按上述两款要求确定时，当压板面积为 0.25~0.50 m^2，可取相对沉降 s/b = 0.01~0.015（b 为载荷板宽度）所对应的荷载作为地基承载力容许值，但其值不应大于最大加载量的一半。

同一土层参加统计的试验点不应少于三点，当试验实测值的极差不超过平均值的 30% 时，取此平均值作为该土层的地基承载力特征值 f_{ak}。

5.5.4　经验法

在拟建建筑物的邻近地区，常常有各种各样的在不同时期内建造的建筑物。调查这些已有建筑物的形式、构造特点、基底压力大小、地基土层情况以及这些建筑物是否有裂缝、倾斜和其他损坏现象，根据这些信息进行详细的分析研究，对于新建建筑物地基土的承载力的确定，具有一定的参考价值。这种方法一般适用于荷载不大的中小型工程。

本 章 小 结

土体强度的破坏的特征是部分土体产生相对滑动，即剪切破坏，土的强度实质上就是指土的抗剪强度。抗剪强度指标的常用测定方法有直接剪切试验、三轴剪切试验等，根据排水固结条件的不同，剪切试验可分为快剪、固结快剪、慢剪等三种试验方法，具体采用何种方法应根据不同的地质条件、荷载特点，选用合适的试验方法。

应力圆与抗剪强度包线不相交（相离）时，土点处于弹性平衡状态；

应力圆与抗剪强度包线相交（相割）时，土点处于破坏状态；

应力圆与抗剪强度包线相切时，土点处于极限平衡状态。

据极限平衡状态可推导出：

$$\sigma_1 = \sigma_3 \tan^2 \left(45° + \frac{\varphi}{2}\right) + 2c\tan\left(45° + \frac{\varphi}{2}\right)$$

$$\sigma_3 = \sigma_1 \tan^2 \left(45° - \frac{\varphi}{2}\right) - 2c\tan\left(45° - \frac{\varphi}{2}\right)$$

地基土变形破坏可分为压密阶段、局部剪切破坏阶段、整体剪切破坏阶段。

地基容许承载力的确定方法有现场原位测试法、理论公式计算法、规范法、经验法等多种。

理论公式计算法中所求得的临塑荷载和临界荷载均可作为地基容许承载力，极限荷载除以安全系数后也可作为地基容许承载力。

承载力特征值的修正按 $f_a = f_{ak} + \eta_b \gamma (b - 3) + \eta_d \gamma_m (d - 0.5)$ 进行。

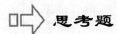

思考题与习题

思考题

5-1 何谓土的抗剪强度？砂土与黏性土的抗剪强度表达式有何不同？为什么说土的抗剪强度不是一个定值？

5-2 测定土的抗剪强度指标主要有哪几种方法？试比较它们的优缺点。

5-3 土体中发生剪切破坏的平面是不是剪应力最大的平面？在什么情况下，破裂面与最大剪应力面是一致的？一般情况下，破裂面与大主应力面成什么角度？

5-4 应用库仑定律和莫尔应力圆原理说明：当 σ_1 不变时，σ_3 越小越易破坏；反之，σ_3 不变时，σ_1 越大越易破坏。

5-5 剪切试验成果整理中总应力法和有效应力法有何不同？为什么说排水剪成果就相当于有效应力法的成果？

5-6 分别简述直剪试验和三轴压缩试验的原理。比较二者之间的优缺点和适用范围。

5-7 临塑荷载 p_{cr} 和界限荷载 $p_{1/4}$ 的物理意义是什么？

5-8 地基破坏的形式有哪几种？

5-9 极限承载力公式各有何特点？

习题

5-1 已知土样的一组直剪试验成果，数据见表 5-10，试作图求该土的抗剪强度指标 c、φ 值。若作用在此土样中某平面上的正应力和剪应力分别是 220 kPa 和 100 kPa，试问：该面是否会发生剪切破坏？

表 5-10　习题 5-1 表

垂直压力 σ_z/kPa	100	200	300	400
抗剪强度 τ_f/kPa	67	119	161	215

5-2 某条形基础下地基土体中一点的应力为：$\sigma_z = 250$ kPa，$\sigma_x = 100$ kPa，$\tau_{xz} = 40$ kPa。已知土的 $\varphi = 30°$，$c = 0$，问：该点是否破坏？如 σ_z 和 σ_x 不变，τ_{xz} 增至 60 kPa 时，则该点又如何？

5-3 设砂土地基中一点的大、小主应力分别为 500 kPa 和 180 kPa，其内摩擦角 $\varphi = 36°$。

(1)该点最大剪应力是多少？最大剪应力面上的法向应力为多少？

(2)此点是否已达极限平衡状态？为什么？

(3)如果此点未达到极限平衡，令大主应力不变，而改变小主应力，使该点达到极限平衡状态，这时小主应力应为多少？

普通高等教育土木类专业"十四五"系列教材

第 6 章　土压力与土坡稳定

【学习目的和要求】

正确理解土压力的定义及分类;理解朗肯土压力的适用条件;掌握利用朗肯土压力理论计算挡土墙土压力的方法;掌握几种特殊情况下朗肯土压力的计算;理解库仑土压力的适用条件以及其与朗肯土压力的区别;理解土坡稳定的计算方法。

【学习内容】

1. 了解土压力的类型、形成条件,土压力的含义、影响因素。
2. 掌握静止土压力的计算,会用朗肯土压力理论、库仑土压力理论计算各种条件下的主动土压力和被动土压力。
3. 掌握应用规范法进行土压力的计算。
4. 了解挡土墙的类型、构造措施,掌握重力式挡土墙的设计。
5. 了解无黏性土坡、黏性土坡的稳定分析方法,掌握黏性土边坡圆弧形破坏的简单条分法。

【重点与难点】

重点:朗肯土压力适用条件及计算,库仑土压力适用条件,无黏性土坡的稳定分析方法。
难点:几种特殊情况下朗肯土压力的计算,黏性土坡的稳定分析方法。

挡土墙是防止土体坍塌的构筑物,广泛用于房屋建筑、水利、铁路以及公路和桥梁工程,例如支撑建筑物周围填土的挡土墙、地下室侧墙、桥台以及贮藏粒状材料的挡墙(图6-1)等。挡土墙的结构型式可分为重力式、悬臂式和扶壁式等,通常用块石、砖、素混凝土及钢筋混凝土等材料建成。

【拓展阅读】

挡土墙的土压力是指挡土墙后的填土因自重或外荷载作用对墙背产生的侧向压力。其计算十分复杂,它与填料的性质、挡土墙的形状和位移方向以及地基土质等因素有关,

115

目前大多采用古典的朗肯（Rankine,1857）和库仑（1773）土压力理论。尽管这些理论都基于各种不同的假定和简化,但其计算简便,且国内外大量挡土墙模型试验、原位观测及理论研究结果均表明,其计算方法实用可靠。随着现代计算技术的提高,楔体试算法、"广义库仑理论"以及应用塑性理论的土压力解答等均得到了迅速发展,加筋土挡墙设计理论亦日臻完善。此外,K.太沙基认为土体变形对土压力的结果至关重要。因此,他开展一系列的试验研究。具体内容可扫描二维码。

太沙基的研究

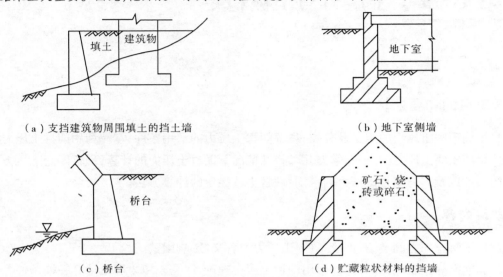

（a）支挡建筑物周围填土的挡土墙　　　　　　　　　（b）地下室侧墙

（c）桥台　　　　　　　　　　　　　（d）贮藏粒状材料的挡墙

图 6-1　挡土墙应用举例

6.1　土压力的类型

作用在挡土结构上的土压力,按结构的位移情况和墙后土体所处的应力状态,分为三种:静止土压力、主动土压力和被动土压力。

1. 静止土压力

挡土墙在压力作用下不发生任何变形和位移（移动或转动）,墙后填土处于弹性平衡状态时,作用在挡土墙背的土压力称为静止土压力,用 E_0 表示,如图 6-2（a）所示。

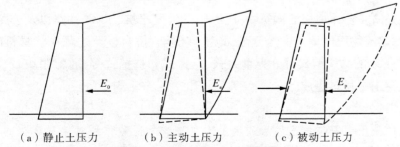

（a）静止土压力　　　　（b）主动土压力　　　　（c）被动土压力

图 6-2　挡土墙上的三种土压力

普通高等教育土木类专业"十四五"系列教材

2. 主动土压力

挡土墙在土压力作用下离开土体向前产生位移时,土压力随之减小。当位移量至一定数值时,墙后土体达到主动极限平衡状态。此时,作用在墙背的土压力称主动土压力,用 E_a 表示,如图 6-2(b)所示。

3. 被动土压力

挡土墙在外力作用下推挤土体向后产生位移时,作用在墙上的土压力随之增加。当位移量至一定数值时,墙后的土体达到被动极限平衡状态。此时作用在墙上的土压力称为被动土压力,用 E_p 表示,如图 6-2(c)所示。

在一个拥挤的公交车上,我们需要使出"被动土压力"才能挤上去;反过来,当有人下车,车门打开时我们受到的就是"主动土压力"。

图 6-3 给出了三种土压力与挡土墙位移的关系。由图可见,产生被动土压力所需的位移量比产生主动土压力所需的位移量要大得多。在相同的墙高和填土条件下,主动土压力小于静止土压力,而静止土压力又小于被动土压力,亦即

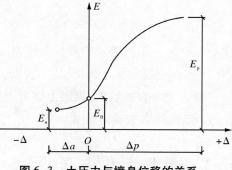

图 6-3　土压力与墙身位移的关系

$$E_a < E_0 < E_p$$

6.2　静止土压力的计算

作用在挡土结构背面的静止土压力可视为天然土层自重应力的水平分量。如图 6-4 所示,在墙后填土体中任意深度 z 处取一微小单元体,作用于单元体水平面上的应力为 γz,则该点的静止土压力,即侧压力强度为

$$p_0 = K_0 \gamma z \qquad (6-1)$$

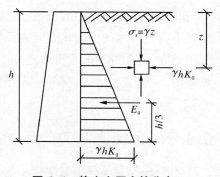

图 6-4　静止土压力的分布

式中　K_0——土的侧压力系数,即静止土压力系数;

　　　γ——墙后填土重度,kN/m^3;

　　　z——计算点在填土面下的深度。

静止土压力系数的确定方法有以下几种:

(1)通过侧限条件下的试验测定,一般认为这是最可靠的方法。

(2)采用经验公式计算,即 $K_0 = 1 - \sin \varphi'$,式中 φ' 为土的有效内摩擦角。该式计算的 K_0 值与砂性土的试验结果吻合较好,对黏性土会有一定的误差,对饱和软黏土更应慎重采用。

（3）按表 6-1 提供的经验值酌定。

表 6-1 静止土压力系数 K_0 经验值

土类	坚硬土	硬-可塑黏性土、粉质黏性土、砂土	可-软塑黏性土	软塑黏性土	流塑黏性土
K_0	0.2~0.4	0.4~0.5	0.5~0.6	0.6~0.75	0.75~0.8

由式(6-1)可知,静止土压力沿墙高为三角形分布,如图 6-4 所示,如取单位墙长计算,则作用在墙上的静止土压力为

$$E_0 = \frac{1}{2}\gamma h^2 K_0 \tag{6-2}$$

式中　E_0——单位墙长的静止土压力,kN/m;

　　　h——挡土墙高度,m。

静止土压力系数 K_0 值随土体密实度、固结程度的增加而增加,当土层处于超压密状态时,K_0 值的增大尤为显著。

6.3　朗肯土压力理论

朗肯土压力理论属古典土压力理论之一,它是根据半空间土体处于极限平衡状态下的大、小主应力间关系,导出土压力的计算方法。

6.3.1　基本假设

朗肯土压力理论的前提条件是:①墙为刚体;②墙背垂直、光滑;③填土面水平。因为墙背垂直光滑才能保证垂直面内无摩擦力,即无剪应力。根据剪应力互等定理,水平面上剪应力亦为零。这样,水平填土体中的应力状态才与半空间土体中的应力状态一致,墙背可假想为半无限土体内部的一个铅直平面,即在水平面与垂直面上的正应力正好分别为大、小主应力。

6.3.2　主动土压力

如图 6-5(a)所示,重度为 γ 的半无限土体处于静止状态,即弹性平衡状态时,在地表下 z 处取一微单元体 M,在 M 的水平和竖直表面上的应力分别为

$$\sigma_z = \gamma z \tag{6-3}$$

$$\sigma_x = K_0 \gamma z \tag{6-4}$$

由前述可知,σ_z、σ_x 均为主应力,且在正常固结土中 $\sigma_1 = \sigma_z$、$\sigma_3 = \sigma_x$。在静止状态下的莫尔应力圆如图 6-5(b)中的圆 I 。

普通高等教育土木类专业"十四五"系列教材

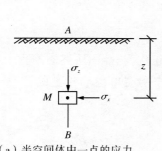

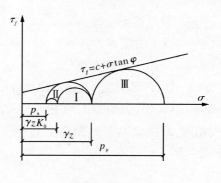

（a）半空间体中一点的应力　　　　　（b）莫尔应力圆与朗肯状态关系

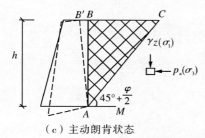

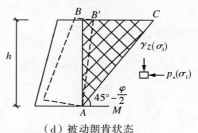

（c）主动朗肯状态　　　　　　　　（d）被动朗肯状态

图 6-5　半空间体的极限平衡状态

　　挡土墙在土压力作用下产生离开土体的位移,这时可认为作用在墙背微单元 M 上的竖向应力保持不变,而水平应力则由于土体抗剪强度的发挥而逐渐减少[图 6-5（b）]。当挡土墙位移增大到 Δ_a,墙后土体在某一范围达到极限平衡状态(即朗肯主动状态)时,墙后土体中出现一组滑裂面,它与大主应力作用面(即水平面)的夹角为 $\left(45°+\dfrac{\varphi}{2}\right)$[图 6-5（c）],水平应力 σ_x 减至最低限值 p_a,即主动土压力。以 $\sigma_1=\sigma_z=\gamma z$ 与 $\sigma_3=\sigma_x=p_a$ 为直径画出的莫尔应力圆与抗剪强度线相切,即如图 6-5（b）中的圆 Ⅱ。若挡土墙继续产生位移,只能使土体产生塑性变形,而不会改变其应力状态。

　　由土体的极限平衡条件可知,在极限平衡状态下,黏性土中任一点的大、小主应力即 σ_1 和 σ_3 之间应满足式(6-5)所示的关系式,即

$$\sigma_3=\sigma_1\tan^2\left(45°-\frac{\varphi}{2}\right)-2c\tan\left(45°-\frac{\varphi}{2}\right) \tag{6-5}$$

将 $\sigma_3=p_a$、$\sigma_1=\gamma z$ 代入上式并令 $K_a=\tan^2\left(45°-\dfrac{\varphi}{2}\right)$,则有

$$p_a=\gamma zK_a-2c\sqrt{K_a} \tag{6-6}$$

上式适合于墙背填土为黏性土的情况。对于无黏性土,由于 $c=0$,则有

$$p_a=\gamma zK_a \tag{6-7}$$

式中　p_a——主动土压力强度,kPa;

　　　K_a——主动土压力系数,$K_a=\tan^2\left(45°-\dfrac{\varphi}{2}\right)$;

119

γ——墙后填土重度,kN/m³;

c——填土的黏聚力,kPa;

φ——填土的内摩擦角,(°);

z——计算点离填土表面的距离,m。

式(6-7)表明,无黏性土的主动土压力强度与 z 成正比,与前面所述的静止土压力分布形式相同,即沿墙高呈三角形分布[图 6-6(b)]。作用在单位墙长上的主动土压力 E_a(kN/m)为

$$E_a = \frac{1}{2}\gamma h^2 K_a \qquad (6-8)$$

式中 h——挡土墙的高度,m。

E_a 的作用点距墙底 $h/3$。

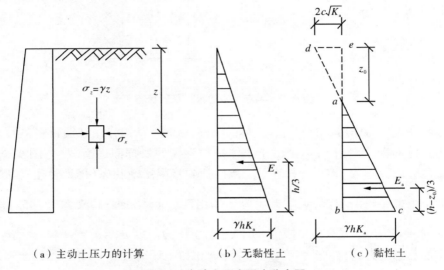

（a）主动土压力的计算　　　（b）无黏性土　　　（c）黏性土

图 6-6　主动土压力强度分布图

式(6-6)表明,黏性土的主动土压力强度由土自重引起的对墙的压力和由黏聚力引起的对墙的"拉"力两部分组成,叠加后如图 6-6(c)所示,包括 $\triangle abc$ 所示的压力和 $\triangle ade$ 所示的"拉"力。由于结构物与土之间的抗拉强度很低,在拉力作用下极易开裂,因而"拉"力是一种不可靠的力,在设计挡土墙时不应计算,故在图中示以虚线。这样,当墙背填土为黏性土时,作用于墙背的土压力只是图 6-6(c)中的 $\triangle abc$ 部分。土压力图形顶点 a 在填土面下的深度称临界深度,记为 z_0。令式(6-6)中 $p_a=0$ 即可确定 z_0,即

$$p_a = \gamma z K_a - 2c\sqrt{K_a} = 0$$

$$z_0 = \frac{2c}{\gamma\sqrt{K_a}} \qquad (6-9)$$

取单位墙长计算,黏性土的主动土压力 E_a 为

$$E_a = \frac{1}{2}(h-z_0)\left(\gamma z K_a - 2c\sqrt{K_a}\right) \tag{6-10}$$

或

$$E_a = \frac{1}{2}(h-z_0)^2 K_a \tag{6-11}$$

E_a 作用于距墙底 $(h-z_0)/3$ 处。

6.3.3　被动土压力

由于出现被动土压力所相应的位移量相当大,以至于在许多结构设计中不允许采用由极限平衡条件导出的被动土压力计算公式,所以这里只作粗略介绍。

基于与导出主动土压力计算公式相似的思路,考虑墙背填土处于被动极限平衡状态时,小主应力 $\sigma_3 = \sigma_z$,大主应力 $\sigma_1 = p_p$[图 6-5(d)],可以推出对应的被动土压力计算公式:

黏性土　　　　　　　　　　$p_p = \gamma z K_p + 2c\sqrt{K_p}$ 　　　　　　　　(6-12)

无黏性土　　　　　　　　　$p_p = \gamma z K_p$ 　　　　　　　　　　　　(6-13)

其分布图形见图 6-7。

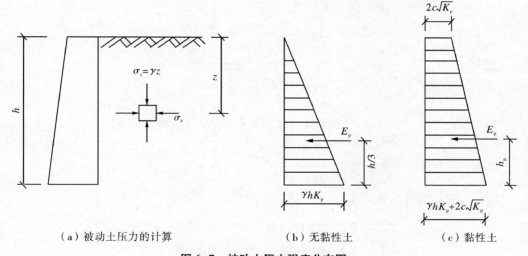

（a）被动土压力的计算　　　　　（b）无黏性土　　　　　（c）黏性土

图 6-7　被动土压力强度分布图

单位墙长的被动土压力 E_p 的计算公式为

无黏性土　　　　　　　　　$E_p = \frac{1}{2}\gamma h^2 K_p$ 　　　　　　　　　(6-14)

黏性土　　　　　　　　　　$E_p = \frac{1}{2}\gamma h^2 K_p + 2ch\sqrt{K_p}$ 　　　　(6-15)

式中　p_p、E_p——被动土压力强度(kPa)和单位墙长的土压力值(kN/m)；

　　　K_p——被动土压力系数，$K_\mathrm{p}=\tan^2(45°+\dfrac{\varphi}{2})$。

无黏性土的被动土压力 E_p 合力作用于距墙底 $h/3$ 处。黏性土的被动土压力合力作用点与墙底距离 h_p[图6-7(c)]由下式计算

$$h_\mathrm{p}=\frac{h}{3}\cdot\frac{2p_\mathrm{p0}+p_\mathrm{ph}}{p_\mathrm{p0}+p_\mathrm{ph}} \tag{6-16}$$

式中　h_p——黏性土产生的被动土压力合力与墙底的距离，m；

　　　p_p0、h_ph——作用于墙背顶、底面的被动土压力强度，kPa，如图6-7(c)所示，$p_\mathrm{p0}=2c\sqrt{K_\mathrm{p}}$，$p_\mathrm{ph}=\gamma h K_\mathrm{p}+2c\sqrt{K_\mathrm{p}}$。

【例6-1】有一挡土墙，高6 m，墙背直立、光滑，墙后填土面水平。填土为黏性土，其重度 $\gamma=17$ kN/m³，内摩擦角 $\varphi=20°$，黏聚力 $c=8$ kPa，试求主动土压力及其作用点，并绘出主动土压力分布图。

【解】墙底处的土压力强度

$$\begin{aligned}p_\mathrm{a}&=\gamma h\tan^2(45°-\frac{\varphi}{2})-2c\tan(45°-\frac{\varphi}{2})\\&=17\times6\times\tan^2(45°-\frac{20°}{2})-2c\tan(45°-\frac{20°}{2})\\&=38.8(\mathrm{kPa})\end{aligned}$$

临界深度　　　$z_0=\dfrac{2c}{\gamma\sqrt{K_\mathrm{a}}}=\dfrac{2\times8}{17\times\tan(45°-\dfrac{20°}{2})}=1.34(\mathrm{m})$

主动土压力　　　$E_\mathrm{a}=\dfrac{1}{2}\times(6-1.34)\times38.8=90.4(\mathrm{kN/m})$

主动土压力距墙底的距离为 $\dfrac{h-z_0}{3}=\dfrac{6-1.34}{3}=1.55(\mathrm{m})$

主动土压力如图6-8所示。

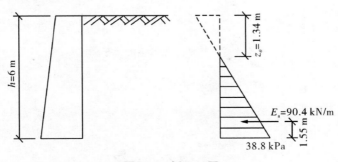

图6-8　例6-1图

122

6.3.4　常见情况下的土压力计算

以无黏性土为例说明工程上常见的几种情况的土压力计算。

1. 填土面有连续均布荷载

当挡土墙后填土面上作用有连续均布荷载 q 时,如图 6-9 所示,通常主动土压力强度可按下述方法计算:

由式(6-7)可知,当土的黏聚力 $c=0$ 时,作用在填土表面下深为 z 处的主动土压力强度 p_a 等于该处土的竖向应力 γz 乘以主动土压力系数 K_a。当填土面有均布荷载 q 时,z 处的竖向应力为 $q+\gamma z$,即

$$p_a = (q+\gamma z)K_a$$

填土面 a 点的土压力强度

$$p_{a1} = qK_a$$

墙底 b 点的土压力强度

$$p_{a2} = (q+\gamma z)K_a$$

土压力合力的作用点在梯形的形心。

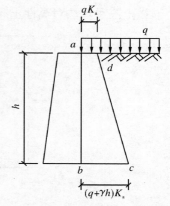

图 6-9　填土面上有均布
荷载的土压力计算

2. 成层填土

当挡土墙后有几层不同种类的水平土层时,可用朗肯理论计算土压力。以无黏性土为例,若求某层的土压力强度,则需先求出各层土的土压力系数,其次求出各层面处的竖向应力,然后乘以相应土层的主动土压力系数,如图 6-10 所示,挡土墙各层面的主动土压力强度为

$$p_{a0} = 0$$

$$p_{a1\pm} = \gamma_1 h_1 K_{a1}$$

$$p_{a1\mp} = \gamma_1 h_1 K_{a2}$$

$$p_{a2\pm} = (\gamma_1 h_1 + \gamma_2 h_2)K_{a2}$$

$$p_{a2\mp} = (\gamma_1 h_1 + \gamma_2 h_2)K_{a3}$$

$$p_{a3} = (\gamma_1 h_1 + \gamma_2 h_2 + \gamma_3 h_3)K_{a3}$$

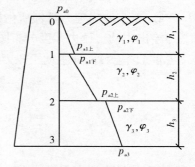

图 6-10　成层土的土压力计算

必须注意,由于各层土的性质不同,主动土压力系数 K_a 也不同,因此在土层的分界面上,主动土压力强度会出现两个数值。图 6-10 所示为 $\varphi_2 > \varphi_1$、$\varphi_2 > \varphi_3$ 时的土压力强度分布图。

3. 墙后填土有地下水(区分水土分算与水土合算)

挡土墙后的回填土常会部分或全部处于地下水位以下。由于地下水的存在将使土的含水量增加,抗剪强度降低,从而使土压力增大,同时还会产生静水压力,因此,挡土墙应该有良好的排水措施。

当墙后填土有地下水时,作用在墙背上的侧压力有土压力和水压力两部分。计算土压力时,假设水上及水下土的内摩擦角 φ、黏聚力 c 都相同,地下水位以下取有效重度进行计算。总侧压力为土压力和水压力之和。如图 6-11 所示,$abcde$ 部分为土压力分布图,fgh 部分为水压力分布图。

以上三种算法对黏性土同样适用,只是在土压力强度中减去相应土层的 $2c\sqrt{K_a}$。

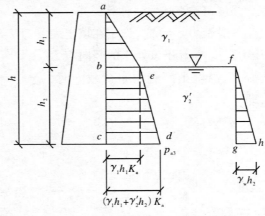

图 6-11　填土中有地下水的土压力计算

【例 6-2】挡土墙高 5 m,墙背竖直、光滑,填土表面水平,其上作用有均布荷载 $q=10$ kPa。填土的物理力学性质指标为:$\varphi=24°$,$c=6$ kPa,$\gamma=18$ kN/m^3。试求主动土压力 E_a,并绘出主动土压力强度分布图。

【解】填土表面处主动土压力强度

$$p_{a1}=qK_a-2c\sqrt{K_a}$$

$$=10\times\tan^2\left(45°-\frac{24°}{2}\right)-2\times6\times\tan\left(45°-\frac{24°}{2}\right)$$

$$=-3.58(\text{kPa})$$

墙底处的土压力强度

$$p_{a2}=p_{a1}+\gamma zK_a$$

$$=-3.58+18\times5\times\tan^2\left(45°-\frac{24°}{2}\right)$$

$$=34.4(\text{kPa})$$

临界深度

$$z_0=\frac{3.58}{34.4+3.58}\times5=0.47(\text{m})$$

主动土压力

$$E_a=\frac{1}{2}\times34.4\times4.53=77.9(\text{kN/m})$$

主动土压力距墙底的距离为

$$z=\frac{h-z_0}{3}=\frac{5-0.47}{3}=1.51(\text{m})$$

主动土压力如图 6-12 所示。

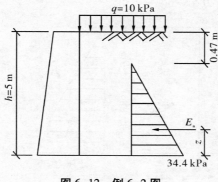

图 6-12 例 6-2 图

【例 6-3】挡土墙高 6 m,墙背直立、光滑,墙后填土面水平,共分两层。各层的物理力学性质指标如图 6-13 所示,试求主动土压力 E_a,并绘出土压力分布图。

【解】计算第一层土的土压力强度

$$p_{a0} = 0$$

$$p_{a1\pm} = \gamma_1 h_1 K_{a1} = 17 \times 2 \times \tan^2\left(45° - \frac{30°}{2}\right) = 11.3\,(\text{kPa})$$

计算第二层土的土压力强度

$$p_{a1\mp} = \gamma_1 h_1 K_{a2} = 17 \times 2 \times \tan^2\left(45° - \frac{26°}{2}\right) = 13.3\,(\text{kPa})$$

$$p_{a2} = (\gamma_1 h_1 + \gamma_2 h_2) K_{a2} = (17 \times 2 + 18 \times 4) \times \tan^2\left(45° - \frac{26°}{2}\right) = 41.4\,(\text{kPa})$$

主动土压力

$$E_a = \frac{1}{2} \times 11.3 \times 2 + \frac{1}{2} \times (13.3 + 41.4) \times 4 = 120.7\,(\text{kN/m})$$

主动土压力如图 6-13 所示。

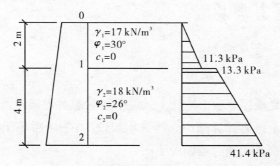

图 6-13 例 6-3 图

125

【例6-4】求图6-14所示的挡土墙的总侧向压力。墙后地下水位高出墙底2 m,填土为砂土,$\gamma = 18$ kN/m³,$\gamma_{sat} = 20$ kN/m³,$\varphi = 30°$。

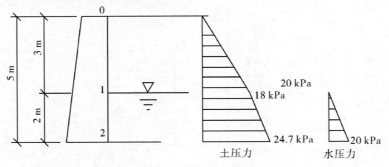

图6-14 例6-4图

【解】各层面的土压力强度

$$p_{a0} = 0$$

$$p_{a1} = \gamma h_1 K_a = 18 \times 3 \times \tan^2\left(45° - \frac{30°}{2}\right) = 18\,(\text{kPa})$$

$$p_{a2} = (\gamma h_1 + \gamma' h_2) K_a = 18 + (20-10) \times 2 \times \tan^2\left(45° - \frac{30°}{2}\right) = 24.7\,(\text{kPa})$$

主动土压力

$$E_a = \frac{1}{2} \times 18 \times 3 + \frac{1}{2} \times (18+24.7) \times 2 = 69.7\,(\text{kN/m})$$

静水压力强度 $\qquad \sigma_w = \gamma_w h_2 = 10 \times 2 = 20\,(\text{kPa})$

静水压力 $\qquad E_w = \frac{1}{2} \times 20 \times 2 = 20\,(\text{kN/m})$

总侧向压力 $\qquad E = E_a + E_w = 69.7 + 20 = 89.7\,(\text{kN/m})$

6.4 库仑土压力理论

6.4.1 基本假设

库仑土压力理论是根据墙后土体处于极限平衡状态并形成一滑动楔体时,从楔体的静力平衡条件得出的土压力计算理论。其基本假设为:①墙后填土是理想的散粒体(黏聚力 $c = 0$);②滑动破裂面为通过墙踵的平面。

库仑土压力理论适用于砂土或碎石填料的挡土墙计算,可考虑墙背倾斜、填土面倾斜以及墙背与填土间的摩擦等多种因素的影响。分析考虑时,一般沿墙长度方向取 1 m 考虑。

6.4.2　主动土压力

如图 6-15 所示,当楔体向下滑动,处于极限平衡状态时,作用在楔体 ABM 上的力有:

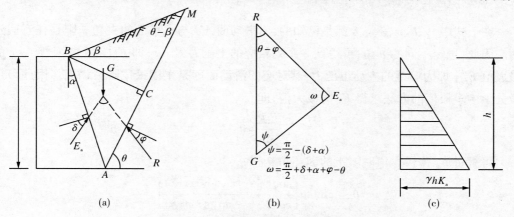

图 6-15　库仑主动土压力计算图

(1)重力 G 由土楔体 ABM 引起,根据几何关系可得

$$G = \triangle ABM \cdot \gamma = \frac{1}{2} AM \cdot BC \cdot \gamma$$

在 $\triangle ABM$ 中,利用正弦定理可得

$$AM = AB \cdot \frac{\sin(90° - \alpha + \beta)}{\sin(\theta - \beta)}$$

又因

$$AB = \frac{h}{\cos \alpha}$$

$$BC = AB \cdot \cos(\theta - \alpha) = h \frac{\cos(\theta - \alpha)}{\cos \alpha}$$

故

$$G = \frac{1}{2} AM \cdot BD \cdot \gamma = \frac{\gamma h^2}{2} \cdot \frac{\cos(\alpha - \beta)\cos(\theta - \alpha)}{\cos^2 \alpha \cdot \sin(\theta - \beta)}$$

(2)反力 R 为破裂面上土楔体重力的 AM 法向分力与该面土体间的摩擦力的合力,其作用于 AM 面上,与 AM 面法线的夹角等于土的内摩擦角 δ_{ef}。当楔体下滑时,位于法线的下侧。

(3)墙背反力 E_a 与墙背 AB 法线的夹角等于土与墙体材料之间的内摩擦角 $\delta_{ef} = \frac{V_w - V_0}{V_0} \times 100\%$,该力与作用在墙背上的土压力大小相等,方向相反。当楔体下滑时,该力位于法线的下侧。

土楔体 ABM 在上述三力作用下处于静力平衡状态。因此构成一闭合的力三角形,如图 6-15(b)所示,现已知三力的方向及 G 的大小,故可由正弦定理得

$$E_a = G \frac{\sin(\theta-\varphi)}{\sin\omega} = \frac{\gamma h^2}{2\cos^2\alpha} \cdot \frac{\cos(\alpha-\beta)\cos(\theta-\alpha)\sin(\theta-\varphi)}{\sin(\theta-\beta)\sin\omega}$$

式中，$\omega = \dfrac{\pi}{2} + \delta + \alpha + \varphi - \theta$。

在上式中，γ、h、α、β、φ、δ 都是已知的，而滑动面 AM 与水平面的夹角 θ 则是任意假定的。因此，选定不同的 θ 角，可得到一系列相应的土压力 E_a 值，即 E_a 是 θ 的函数。E_a 的最大值 E_{max} 即为墙背的主动土压力，其对应的滑动面即是土楔最危险滑动面。因此可用微分学中求极值的方法求得 E_a 的极大值，即

$$\frac{\mathrm{d}E}{\mathrm{d}\theta} = 0$$

可解得 E_a 为极大值时填土的破坏角 θ_{cr} 为

$$\theta_{cr} = \arctan\left[\frac{\sin\beta \cdot s_q + \cos(\alpha+\varphi+\delta)}{\cos\beta \cdot s_q - \sin(\alpha+\varphi+\delta)}\right]$$

其中

$$s_q = \sqrt{\frac{\cos(\alpha+\delta)\sin(\varphi+\delta)}{\cos(\alpha-\beta)\sin(\varphi-\beta)}}$$

将 θ_{cr} 代入 E_a 表达式，经整理后可得库仑主动土压力的一般表达式为

$$E_a = \frac{1}{2}\gamma h^2 K_a \tag{6-17}$$

其中

$$K_a = \frac{\cos^2(\varphi-\alpha)}{\cos^2\alpha\cos(\alpha+\delta)\left[1+\sqrt{\dfrac{\sin(\varphi+\delta)\sin(\varphi-\beta)}{\cos(\alpha+\delta)\cos(\alpha-\beta)}}\right]^2} \tag{6-18}$$

式中 α——墙背与竖直线的夹角，($°$)，俯斜时取正号、仰斜时为负号[图 6-15(a)]；

β——墙后填土面的倾角，($°$)；

δ——土与墙背材料间的外摩擦角，($°$)；

φ——墙后填土的内摩擦角，($°$)；

K_a——库仑主动土压力系数。

当墙背竖直（$\alpha=0$）、光滑（$\delta=0$）、填土面水平（$\beta=0$）时，式(6-18)变为：

$$K_a = \tan^2\left(45° - \frac{\varphi}{2}\right)$$

可见在此条件下，库仑公式和朗肯公式完全相同。因此朗肯理论是库仑理论的特殊情况。沿墙高的土压力分布强度 p_a，可通过 E_a 对 z 取导数而得到：

$$p_a = \frac{\mathrm{d}E_a}{\mathrm{d}z} = \frac{\mathrm{d}}{\mathrm{d}z}\left(\frac{1}{2}\gamma z^2 K_a\right) = \gamma z K_a \tag{6-19}$$

由上式可见，主动土压力分布强度沿墙高呈三角形线性分布[图 6-15(c)]，土压力合力的作用点离墙底 $h/3$，方向与墙面的法线成 δ 角。需注意，图 6-15(c)中表示的土压力分布图只表示其数值大小，而不代表其作用方向。

普通高等教育土木类专业"十四五"系列教材

6.4.3　被动土压力

当挡土墙在外力作用下挤压土体,楔体沿破裂面向上隆起而处于极限平衡状态时,同理可得作用在楔体上的力三角形如图 6-16(b)所示。此时由于楔体上隆,E_p 和 R 均位于法线的上侧。按求主动土压力相同的方法可求得被动土压力 E_p 的库仑公式为

$$E_p = \frac{1}{2}\gamma h^2 K_p \tag{6-20}$$

其中

$$K_p = \frac{\cos^2(\varphi+\alpha)}{\cos^2\alpha\cos(\alpha-\delta)\left[1-\sqrt{\dfrac{\sin(\varphi+\delta)\sin(\varphi+\beta)}{\cos(\alpha-\delta)\cos(\alpha-\beta)}}\right]^2} \tag{6-21}$$

式中　K_p——被动土压力系数。

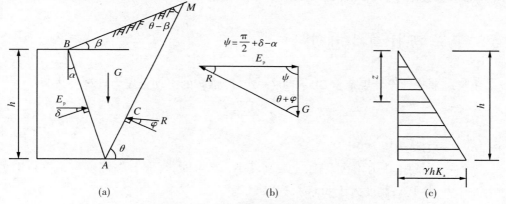

图 6-16　库仑被动土压力计算图

若墙背竖直($\alpha=0$)、光滑($\delta=0$)及墙后填土面水平($\beta=0$),则式(6-21)变为

$$K_p = \tan^2\left(45°+\frac{\varphi}{2}\right)$$

即与无黏性土的朗肯公式相同。被动土压力强度可按下式计算:

$$p_p = \frac{\mathrm{d}E_p}{\mathrm{d}z} = \frac{\mathrm{d}}{\mathrm{d}z}\left(\frac{1}{2}\gamma z^2 K_p\right) = \gamma z K_p \tag{6-22}$$

被动土压力强度沿墙高也呈三角形分布[图 6-16(c)],其合力作用点在距墙底 $h/3$ 处。

6.4.4　朗肯土压力理论与库仑土压力理论的比较

朗肯土压力理论与库仑土压力理论均为经典理论。它们分别根据不同的假设,以不同的分析方法计算土压力,只有在最简单的情况下,即 $\alpha=0$,$\beta=0$,$\delta=0$ 时,用这两种理论计算结果才相同,否则将得出不同的结果。

朗肯土压力理论基于半空间应力状态和极限平衡理论,概念比较明确,公式简单,便

于记忆。对于黏性土、粉土和无黏性土，都可以用该公式直接计算，故在工程中得到广泛应用。但为了使墙后的应力状态符合半空间的应力状态，必须假设墙背是直立的、光滑的，墙后填土是水平的，因而出现其他条件时计算较复杂。且由于该理论忽略了墙背与填土之间摩擦的影响，使计算得出的主动土压力偏大，而得出的被动土压力偏小。

库仑土压力理论系根据墙后滑动土楔的静力平衡条件推导出土压力计算公式，考虑了墙背与土之间的摩擦力，并可用于墙背倾斜、填土面倾斜的情况。但由于该理论假设填土是无黏性土，因而不能用库仑理论的原始公式直接计算黏性土或粉土的土压力。库仑理论假设墙后填土破坏时，破坏面是一平面，而实际上却是一曲面。试验证明，在计算主动土压力时，只有当墙背的倾斜度不大，墙背与填土间的摩擦角较小时，破坏面才接近于一平面，因此，计算结果与按曲线滑动面计算的有出入。在通常情况下，这种偏差在计算主动土压力时约为 2%~10%，可以认为已满足实际工程所要求的精度；但在计算被动土压力时，由于破坏面接近于对数螺旋线，因此计算结果误差较大，有时可达 2~3 倍，甚至更大。

6.5 规范法计算土压力

《建筑地基基础设计规范》(GB 50007—2011)推荐的主动土压力计算公式为

$$E_a = \psi_c \frac{1}{2}\gamma H^2 K_a \tag{6-23}$$

式中　E_a——主动土压力。

ψ_c——主动土压力增大系数，土坡高度小于 5 m 时，宜取 1.0；高度为 5~8 m 时，宜取 1.1；高度大于 8m 时，宜取 1.2。

γ——填土的重度。

h——挡土结构的高度。

K_a——主动土压力系数，按下式确定：

$$K_a = \frac{\sin(\alpha+\beta)}{\sin^2\alpha\sin^2(\alpha+\beta-\varphi-\delta)}\{K_q[\sin(\alpha+\beta)\sin(\alpha-\delta)+\sin(\varphi+\delta)\sin(\varphi-\beta)]+$$
$$2\eta\sin\alpha\cos\varphi\cos(\alpha+\beta-\varphi-\delta)-2[(K_q\sin(\alpha+\beta)\sin(\varphi-\beta)+\eta\sin\alpha\cos\varphi)$$
$$(K_q\sin(\alpha-\beta)\sin(\varphi+\delta)+\eta\sin\alpha\cos\varphi)]^{1/2}\}$$

$$K_q = 1 + \frac{2q\sin\alpha\cos\beta}{\gamma h\sin(\alpha+\beta)} \tag{6-24}$$

η——系数，$\eta=\dfrac{2c}{\gamma h}$。 $\tag{6-25}$

q——地表均布荷载(以单位水平投影面上的荷载强度计)。

对于高度小于或等于 5 m 的挡土墙，当排水条件符合边坡的支挡结构应进行排水设计。对于可以向坡外排水的支挡结构，应在支挡结构上设置排水孔。排水孔应沿着横竖两个方向设置，其间距宜取 2~3 m，排水孔外斜坡度宜为 5%，孔眼尺寸不宜小于 100 mm。

支挡结构后面应做好滤水层,必要时应做排水暗沟。支挡结构后面有山坡时,应在坡脚处设置截水沟。对于不能向坡处排水的边坡,应在支挡结构后面设置排水暗沟。填土符合下列质量要求:Ⅰ类碎石土,密实度应为中密,干密度应大于或等于 2.0 t/m³;Ⅱ类砂土,包括砾砂、粗砂、中砂,其密实度为中密,干密度应大于或等于 1.65 t/m³;Ⅲ类黏土夹块石,干密度应大于或等于 1.90 t/m³;Ⅳ类粉质黏土,干密度应大于或等于 1.65 t/m³。此时主动土压力系数可按图 6-17 查得。当地下水丰富时,应考虑水压力的作用。

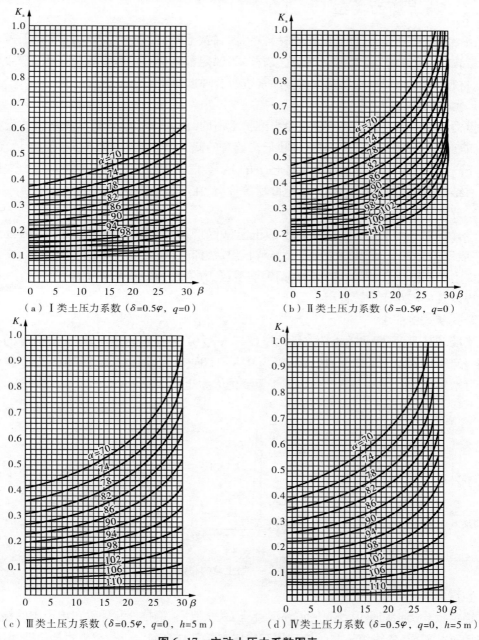

（a）Ⅰ类土压力系数（$\delta=0.5\varphi$, $q=0$）　　（b）Ⅱ类土压力系数（$\delta=0.5\varphi$, $q=0$）

（c）Ⅲ类土压力系数（$\delta=0.5\varphi$, $q=0$, $h=5$ m）　　（d）Ⅳ类土压力系数（$\delta=0.5\varphi$, $q=0$, $h=5$ m）

图 6-17　主动土压力系数图表

131

6.6 挡土墙设计

挡土墙设计包括墙型选择、稳定性验算、地基承载力验算、墙身材料强度验算以及一些设计中的构造要求和措施。本节重点介绍重力式挡土墙的设计方法。

6.6.1 挡土墙的类型

挡土墙有多种类型,按其所用的材料可分为砖、毛石、混凝土以及钢筋混凝土等。按结构型式分有重力式、悬臂式、扶壁式、锚杆式、锚定板式等。一般应根据工程需要、土质情况、材料供应、施工技术以及造价等因素进行合理选择。

1. 重力式挡土墙

重力式挡土墙是靠墙体自身重量来维护平衡的[图6-18(a)],通常由块石或素混凝土砌筑而成,因此墙体抗拉抗剪强度较低。墙身的截面尺寸相对于其他类型挡土墙较大,宜用于高度小于6 m、地层稳定、开挖土石方时不会危及相邻建筑物的地段。重力式挡土墙具有结构简单、施工方便、易于就地取材等优点,在工程中得到了广泛的应用。

2. 悬臂式挡土墙

悬臂式挡土墙主要靠墙踵悬臂上的土重来保持稳定[图6-18(b)],墙体内设置钢筋,一般用钢筋混凝土建造,它由三个悬臂板组成,即立臂、墙趾悬臂和墙踵悬臂。墙体内的拉应力由钢筋承受,因此能充分利用钢筋混凝土的受力特点,墙体截面尺寸较小,在市政工程以及厂矿贮库中较常用。

3. 扶壁式挡土墙

当墙较高时,悬臂式挡土墙立臂的挠度较大,为了增强臂的抗弯性能,常沿墙的纵向每隔一定距离设置一道扶壁,扶壁间距为 $0.8\sim1.0h$(h为墙高)[图6-18(c)]。扶壁间填土可增加抗滑抗倾覆能力。一般用于重要的大型土建工程。

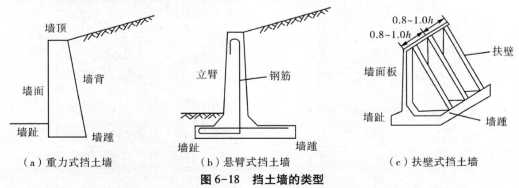

(a)重力式挡土墙　　　　(b)悬臂式挡土墙　　　　(c)扶壁式挡土墙

图6-18　挡土墙的类型

4. 锚定板式及锚杆式挡土墙

锚定板式挡土墙是由预制的钢筋混凝土立柱、墙面、钢拉杆和埋置在填土中的锚定板在现场拼装而成,依靠填土与结构的相互作用维持其自身稳定。与重力式挡土墙相比,它具有结构轻、柔性大、工程量小、造价低、施工方便等优点,特别适合于地基承载力不大的地区。设计时,为了维持锚定板挡土墙结构的内力平衡,必须保证锚定板挡土墙结构周边的整体稳定和土的摩擦阻力大于由土自重和荷载产生的土压力。锚杆式挡土墙是利用嵌入坚实岩层的灌浆锚杆作为拉杆的一种挡土墙结构(图 6-19、图 6-20)。

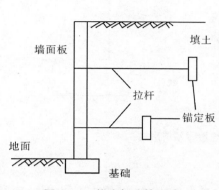

图 6-19　锚定板式挡土墙

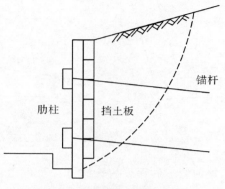

图 6-20　锚杆式挡土墙

5. 加筋土挡土墙

加筋土挡土墙是由墙面板、加筋材料及填土共同组成(图 6-21),它是依靠拉筋与填土之间的摩擦力来平衡作用在墙面的土压力以保持稳定。加筋土挡土墙能够充分利用材料的性质以及土与筋带的共同作用,因而结构轻巧,体积小,便于现场预制和工地拼装,而且施工速度快,能抗严寒、抗地震,与重力式挡土墙相比,一般可降低造价 25% ~ 60%,是一种较为合理的挡土墙结构。近年来,加筋土挡土墙得到了迅速的发展与应用。

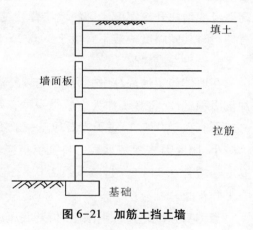

图 6-21　加筋土挡土墙

6.6.2　重力式挡土墙的构造措施

挡土墙的设计,必须合理地选择墙型和采取必要的构造措施,以保证其安全、经济和合理。

1. 墙背倾斜形式的选择

重力式挡土墙按墙背的倾斜情况分为仰斜、俯斜和垂直三种(图 6-22)。从受力情况分析,仰斜式的主动土压力最小,俯斜式的主动土压力最大。从挖、填方角度来看,如果边坡为挖方,采用仰斜式较合理,因为仰斜式的墙背可以和开挖的临时边坡紧密结合;如果边坡为填方,则采用俯斜式或垂直式较合理,因为仰斜式挡土墙的墙背填土夯实比较困难。此外,当墙前地形平坦时,采用仰斜式较好,而当地形较陡时,则采用垂直墙背较好。综上所述,设计时,应优先采用仰斜式,其次是垂直式。

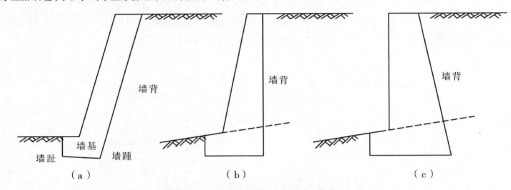

图 6-22　重力式挡土墙墙背倾斜形式

2. 墙的背坡和面坡的选择

在墙前地面坡度较陡处,墙面坡可取$(1:0.05)\sim(1:0.2)$,也可采用直立的截面。当墙前地形较平坦时,对于中、高挡土墙,墙面坡可用较缓坡度,但不宜缓于$1:0.4$,以免增高墙身或增加开挖宽度。仰斜墙墙背坡越缓,则主动土压力越小,为了避免施工困难,墙背仰斜时其倾斜度一般不宜缓于$1:0.25$,面坡应尽量与背坡平行。

3. 设置基底逆坡

在墙体稳定性验算中,倾覆稳定较易满足要求,而滑动稳定常不易满足要求。为了增加抗滑稳定性,将基底作为逆坡是一种有效的方法(图6-23)。对于土质地基的基底逆坡一般不宜大于$0.1:1$,对于岩石地基一般不宜大于$0.2:1$。由于基底倾斜,会使基底承载力减小,因此需将地基承载力特征值折减。当基底逆坡为$0.1:1$时,折减系数为0.9,当基底逆坡为$0.2:1$时,折减系数为0.8。

4. 设置墙趾台阶

当墙身强度超过一定限度时,基底压应力往往是控制截面尺寸的重要原因。为了使基底压应力不超过地基承载力,可设置墙趾台阶(图6-24),以扩大基底宽度,对挡土墙的抗倾覆和滑移稳定都是有利的。

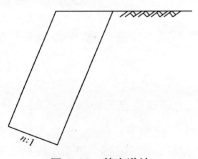

图 6-23　基底逆坡

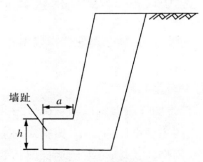

图 6-24　墙趾台阶

墙趾高 h 和墙趾宽 a 的比例为 $h:a$,a 不得小于 20 cm。墙趾台阶的夹角一般应保持直角或钝角,若为锐角时不宜小于 60°。此外,基底法向反力的偏心必须满足 $e \leqslant 0.25b$(b 为无台阶时的基底宽度)。

5. 采取适当排水措施

挡土墙墙后填土如因排水不良,在地表水渗入墙后填土后,会使填土的抗剪强度降低,土压力增大,这对挡土墙的稳定不利。若墙后积水,则要产生水压力。积水自墙面渗出,还要产生渗流压力。水位较高时,静、动水压力给挡土墙的稳定威胁更大。因此,挡土墙应沿纵、横两向设泄水孔,其间距宜取 2~3 m,外斜 5%,孔眼尺寸不宜小于 100 mm。墙后应设置滤水层和必要的排水暗沟,在墙顶背后的地面铺设防水层。当墙后有山坡时,还应在坡下设置排水沟(图 6-25)。对不能向坡外排水的边坡,应在墙背填土中设置足够的排水暗沟。

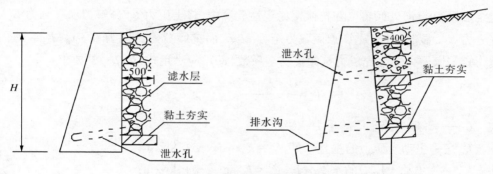

图 6-25　挡土墙排水措施

6. 填土质量要求

墙后填土宜选择透水性较强的填料,如砂土、砾石、碎石等,因为这类土的抗剪强度较稳定,易于排水。当采用黏性土作为填料时,宜掺入适量的块石。在季节性冻土地区,墙后填土应选择非冻胀性填料(如炉渣、碎石、粗砂等)。不应采用淤泥、耕植土、膨胀性黏土等作为填料,填土料中还不应含有大的冻结土块、木块或其他杂物。墙后填土应分层夯实。

6.6.3　重力式挡土墙的设计

挡土墙的型式选定后,根据挡土墙所处的条件(工程性质、墙后土体的性质、荷载情况、建筑材料以及施工条件等),凭经验初步拟定截面尺寸,然后进行验算。如不满足要求,则应改变截面尺寸或者采用其他措施。挡土墙的计算通常包括:①稳定性验算;②地基承载力验算;③墙身强度验算;④抗震计算。

1. 重力式挡土墙尺寸的初步确定

(1)挡土墙的高度。通常挡土墙的高度是由任务要求确定的,即考虑墙后被支挡的填土呈水平时墙顶的高程。有时,对长度很大的挡土墙,也可使墙顶低于填土顶面,而用斜坡连接,以节省工程量。

（2）挡土墙的顶宽。挡土墙的顶宽由构造要求确定，以保证挡土墙的整体性，具有足够的强度。对于砌石重力式挡土墙，顶宽应大于0.5 m，即2块块石加砂浆。对素混凝土重力式挡墙，也不宜小于0.5 m。至于钢筋混凝土悬臂式或扶壁式挡土墙，顶宽不宜小于0.3 m。

（3）挡土墙的底宽。挡土墙的底宽由整体稳定性确定。初定挡土墙底宽 $B=(0.5 \sim 0.7)H$（H 为挡土墙的高度），挡土墙底面为卵石、碎石时取小值，墙底为黏性土时取大值。

挡土墙尺寸确定后，进行挡土墙抗滑移稳定与抗倾覆稳定验算。若安全系数过大，则适当减小墙的底宽；反之，安全系数太小，则适当加大墙的底宽或者采取其他措施，以保证挡土墙既安全又经济。

2. 重力式挡土墙稳定性验算

（1）抗倾覆稳定性验算。图6-26 所示一基底倾斜的挡土墙，在主动土压力的作用下可能绕墙趾 O 点向外倾覆。在抗倾覆稳定性验算中，将土压力 E_a 分解为水平分力 E_{ax} 和垂直分力 E_{az}，显然，对墙趾 O 点倾覆力矩为 $E_{ax}z_f$，而抗倾覆力矩则为 $G \cdot x_0 + E_{az} \cdot x_f$。抗倾覆力矩与倾覆力矩之比成为抗倾覆安全系数（$K_t$），应满足式（6-26）的要求：

$$K_t = \frac{G \cdot x_0 + E_{az} \cdot x_f}{E_{ax} \cdot z_f} \geqslant 1.6 \qquad (6-26)$$

式中　G——每延米挡土墙的重力，kN/m；

　　　E_{az}——主动土压力的垂直分量，$E_{az} = E_a \cos(\alpha - \delta)$，$kN/m$；

　　　E_{ax}——主动土压力的水平分量，$E_{ax} = E_a \sin(\alpha - \delta)$，$kN/m$；

　　　x_0、x_f、z_f——G、E_{az}、E_{ax} 至墙趾 O 点的距离，m，$x_f = b - z_f \cot \alpha$；$z_f = z - b \tan \alpha$；

　　　b——基底的水平投影宽度，m；

　　　z——土压力作用点离墙踵的高度，m；

　　　α——墙背与水平线之间的夹角；

　　　α_0——基底与水平线之间的夹角。

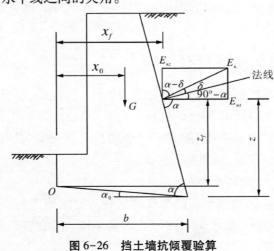

图6-26　挡土墙抗倾覆验算

136

若墙背直立时，$\alpha = 90°$；基底水平时，$\alpha_0 = 0°$，则

$$E_{ax} = E_a \cos \delta$$

$$E_{az} = E_a \sin \delta$$

$$x_f = b - z_f \cot \alpha ; z_f = z$$

（2）挡土墙抗滑移验算。在土压力作用下，挡土墙有可能沿基础地面发生滑移，在抗滑移稳定验算中，如图 6-27 所示的挡土墙，将挡土墙重力 G 及主动土压力 E_a 分解为垂直和平行于基底的两个分力，滑移力为 E_{at}，抗滑移力为 E_{an}。抗滑力和滑动力的比值称为抗滑移安全系数（K_s），即

$$K_s = \frac{(G_n + E_{an})\mu}{E_{at} - G_t} \geqslant 1.3 \quad (6-27)$$

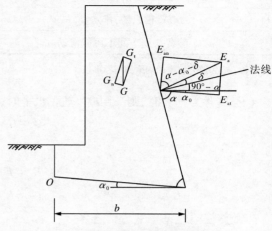

图 6-27　挡土墙抗滑移验算

式中　K_s——抗滑移安全系数；

　　　G_n——垂直于基底的重力分力，

　　　　　　$G_n = G \cos \alpha_0$；

　　　G_t——平行于基底的重力分力，$G_t = G \sin \alpha_0$；

　　　E_{an}——垂直于基底的土压力分力，$E_{an} = E_a \cos (\alpha - \alpha_0 - \delta)$；

　　　E_{at}——平行于基底的土压力分力，$E_{at} = E_a \sin (\alpha - \alpha_0 - \delta)$；

　　　μ——挡土墙基底对地基的摩擦系数，由试验确定，当无试验资料时，可参考表 6-2；

　　　δ——土对挡土墙的摩擦角，参考表 6-3。

表 6-2　土对挡土墙基底的摩擦系数 μ

土的类别	状态	摩擦系数 μ
黏性土	可塑	0.25~0.30
	硬塑	0.30~0.35
	坚硬	0.35~0.45
粉土	—	0.30~0.40
中砂、粗砂、砂粒	—	0.40~0.50
碎石土	—	0.40~0.60
软质岩	—	0.40~0.60
表面粗糙的硬质岩	—	0.65~0.75

注：1. 对于易风化的软质岩和塑性指数 I_p 大于 22 的黏性土，基底摩擦系数应通过试验确定。

2. 对于碎石土，密实的可取高值；稍密、中密及颗粒为中等风化或强风化的取低值。

表 6-3　土对挡土墙墙背的摩擦角 δ

挡土墙情况	摩擦角 δ
墙背平滑,排水不良	$(0 \sim 0.33)\varphi_k$
墙背粗糙,排水良好	$(0.33 \sim 0.50)\varphi_k$
墙背很粗糙,排水良好	$(0.50 \sim 0.67)\varphi_k$
墙背与填土间不可能滑动	$(0.67 \sim 1.00)\varphi_k$

注:φ_k 为墙背填土的内摩擦角标准值。

若墙背为垂直时,则 $\alpha = 90°$,基底水平时,$\alpha_0 = 0°$。那么

$$G_n = G$$

$$G_t = 0$$

$$E_{an} = E_a \sin \delta$$

$$E_{at} = E_a \cos \delta$$

3. 挡土墙地基承载力的验算

挡土墙地基承载力的验算与一般偏心受压基础验算方法相同。如图 6-28 所示,可按下述方法求出基底合力 N 的偏心距 e:先将主动土压力分解为垂直分力 E_{az} 与水平分力 E_{ax},然后将各力 G、E_{ax}、E_{az} 及 N 对墙趾 O 点取矩,根据合力矩等于各分力矩之和的原理,便可求得合力 N 作用点对 O 点的距离 c 及对基底形心的偏心距 e。

$$Nc = Gx_0 + E_{az}x_f - E_{ax}z_f \qquad (6\text{-}28)$$

$$c = \frac{Gx_0 + E_{az}x_f - E_{ax}z_f}{N} \qquad (6\text{-}29)$$

$$e = \frac{b'}{2} - c \qquad (6\text{-}30)$$

$$b' = \frac{b}{\cos \alpha_0} \qquad (6\text{-}31)$$

式中　b'——基底斜向宽度。

挡土墙基础底面的压力可按下式计算:

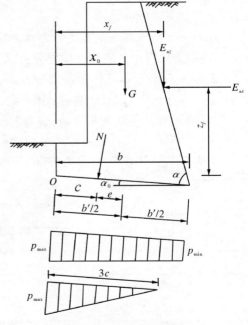

图 6-28　地基承载力验算

当偏心距 $e \le \dfrac{b'}{6}$ 时,基底压力呈梯形或三角形分布(图 6-28):

$$\left.\begin{array}{c} p_{max} \\ p_{min} \end{array}\right\} = \frac{N}{b'}\left(1 \pm \frac{6e}{b'}\right) \le 1.2f_a \qquad (6\text{-}32)$$

普通高等教育土木类专业"十四五"系列教材

当偏心距 $e > \dfrac{b'}{6}$ 时,则基底压力呈三角形分布(图6-28):

$$p_{max} = \frac{2N}{3c} \leqslant 1.2f_a \tag{6-33}$$

式中 f_a ——修正后的地基承载力特征值,当基底倾斜时,应乘以0.8的折减系数;

p_{max}、p_{min} ——偏心荷载作用下,基底压力的最大值和最小值。

验算挡土墙地基承载力要求同时满足式(6-34)和式(6-35):

$$p \leqslant f_a \tag{6-34}$$

$$p_{max} \leqslant 1.2f_a \tag{6-35}$$

4. 挡土墙墙身强度验算

挡土墙墙身强度验算执行《混凝土结构设计规范(2015年版)》(GB 50010—2010)和《砌体结构设计规范》(GB 50003—2011)等标准的相应规定。

6.7 土坡稳定分析

土坡是指具有倾斜坡面的土体。通常可分为天然土坡(由于地质作用自然形成的土坡,如山坡、江河岸坡等)和人工土坡。如土坡的顶面和底面水平且无限延伸,坡体由均质土组成,称为简单土坡。图6-29给出了简单土坡的外形和各部分名称。由于土坡表面倾斜,在土体自重及外荷载作用下,土体具有自上而

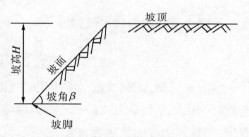

图6-29 土坡各部分名称

下的滑动趋势。土坡上的部分岩体或土体在自然或人为因素的影响下,沿某一滑动面发生剪切破坏并向坡下运动的现象称为滑坡。

土坡稳定性是高速公路、铁路、机场、高层建筑深基坑以及露天矿井和土坝等土木工程建设中一个重要的问题。《规范》对建于坡顶的建筑物的地基稳定问题已有专门规定。其实,建(构)筑物不论建于坡顶位置还是坡脚位置,土坡稳定对其存在的可能有害影响是同等重要的。不能疏忽土坡稳定对建于坡脚位置的建(构)筑物构成的安全隐患。土坡稳定性问题可通过土坡稳定分析解决,但有待研究的不确定因素较多,如滑动面形式的确定,土体抗剪强度参数的合理选取,土的非均质性以及坡体中渗流水的影响等。

影响土坡稳定的因素有:外界荷载作用或土坡环境变化等导致土体内部剪应力加大,外界各种因素影响导致土体抗剪强度降低,促使土坡失稳破坏。扫描二维码可了解边坡滑坡稳定性分析及治理。

边坡滑坡稳定性
分析及治理

6.7.1 无黏性土土坡稳定分析

设一坡角为 β 的无黏性土土坡,土坡及地基为均质的同一种土,且不考虑渗流的影响。纯净的干砂,颗粒之间无黏聚力,其抗剪强度只由摩擦力提供。对于这类土坡,其稳定性条件可由图6-30所示的力系来说明。

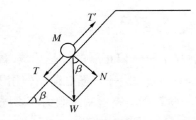

图6-30　无黏性土土坡稳定分析

斜坡上的土颗粒 M,其自重为 W,砂土的内摩擦角为 φ。W 垂直于坡面和平行于坡面的分力分别为 N 和 T:

$$N = W\cos\beta$$
$$T = W\sin\beta$$

分力 T 将使土颗粒 M 向下滑动,为滑动力。阻止 M 下滑的抗滑力则是由垂直于坡面上的分力 N 引起的最大静摩擦力 T':

$$T' = N\tan\varphi = W\cos\beta\tan\varphi$$

抗滑力与滑动力的比值称为稳定安全系数 K,计算公式如下:

$$K = \frac{T'}{T} = \frac{W\cos\beta\tan\varphi}{W\sin\beta} = \frac{\tan\varphi}{\tan\beta} \tag{6-36}$$

由上式可知,无黏性土土坡稳定的极限坡角 β 等于其内摩擦角,即当 $\beta=\varphi$ 时($K=1$),土坡处于极限平衡状态。故砂土的内摩擦角也称为自然休止角。由上述的平衡关系还可看出:无黏性土坡的稳定性与坡高无关,仅取决于坡角 β,只要 $\beta<\varphi$($K>1$),土坡就是稳定的。为了保证土坡有足够的安全储备,可取 $K=1.1\sim1.5$。

上述分析只适用于无黏性土坡的最简单情况,即只有重力作用,且土的内摩擦角是常数的情况。工程实际中只有均质干土坡才完全符合这些条件,对有渗透水流的土坡、部分浸水土坡以及高应力水平下 φ 角变小的土坡,则不完全符合这些条件,这些情况下的无黏性土坡稳定分析可参考有关书籍。

6.7.2 黏性土土坡稳定分析

黏性土土坡的滑动面如图6-31所示。土坡失稳前一般在坡顶产生张拉裂缝,继而沿着某一曲面产生整体滑动,同时伴随着变形。在垂直于纸面方向,滑坡将延伸至一定范围,也是曲面。为了简化,在稳定分析中通常作为平面问题处理,而且假定滑动面为圆面。

黏性土土坡稳定分析有许多种方法,目前工程最常用的是条分法。

条分法首先由瑞典工程师费兰纽斯(Fellenius,1922)提出,这个方法具有较普遍的意义,它不仅可以分析简单土坡,还可以用来分析非简单土坡,例如土质不均匀的、坡上或坡顶作用荷载的土坡等。

普通高等教育土木类专业"十四五"系列教材

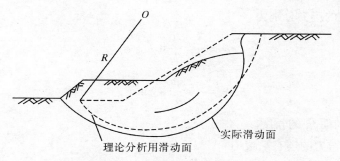

图 6-31　黏性土土坡的滑动面

条分法的具体计算步骤如下：

（1）按比例绘出土坡剖面，如图 6-32 所示。

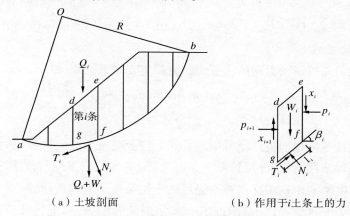

（a）土坡剖面　　　　　　　（b）作用于 i 土条上的力

图 6-32　无黏性土坡稳定分析

（2）任选一圆心 O，以 Oa 为半径作圆弧，$\overset{\frown}{ab}$ 为滑动面，将滑动面以上土体分成几个等宽（不等宽亦可）土条。

（3）计算每个土条的力（以第 i 条为例进行分析）。

第 i 条上作用力有（纵向取 1 m）：

土条自重 W_i（包括土条顶面的荷载）；

作用于滑动面 fg（简化为平面）上的法向反力 N_i 和剪切力 T_i；

作用于土条侧面 ef 和 dg 上的法向力 p_i、p_{i+1} 和剪力 x_i、x_{i+1}。

这一力系是非静定力系。为简化计算，设 p_i、x_i 的合力与 p_{i+1}、x_{i+1} 的合力相平衡，稳定分析时，不考虑其影响。这样简化后的结果偏于安全。根据土条静力平衡条件列出：

$$N_i = W_i \cos \beta_i$$

$$T_i = W_i \sin \beta_i$$

普通高等教育土木类专业"十四五"系列教材

滑动面 fg 上的应力分别为

$$\sigma_i = \frac{N_i}{l_i} = \frac{1}{l_i} W_i \cos \beta_i$$

$$\tau_i = \frac{T_i}{l_i} = \frac{1}{l_i} W_i \sin \beta_i$$

式中 l_i——滑动面 fg 的长度。

此外构成抗滑力的还有黏聚力 c_i。

（4）滑动面 $\overset{\frown}{ab}$ 上的总滑力矩（对滑动圆心）为

$$TR = R \sum T_i = R \sum W_i \sin \beta_i$$

（5）滑动面 $\overset{\frown}{ab}$ 上的总抗滑力矩（对滑动圆心）为

$$T'R = R \sum \tau_{fi} l_i = R \sum (\sigma_i \tan \varphi_i + c_i) l_i = R \sum (W_i \cos \beta_i \tan \varphi_i + c_i l_i)$$

（6）确定安全系数 K

总抗滑力矩与总抗滑动力矩的比值也称为稳定安全系数 K，即

$$K = \frac{T'R}{TR} = \frac{\sum (W_i \cos \beta_i \tan \varphi_i + c_i l_i)}{\sum W_i \sin \beta_i} \qquad (6-37)$$

上式即为太沙基提出而被广泛采用的公式。当土坡由不同土层组成时，式（6-37）仍可适用。但使用时要注意：应分层计算土条重力（地下水位以下用有效重度），然后叠加；土的黏聚力 c 和内摩擦角 φ 应按滑弧所通过的土层采取不同的指标。

由于滑动圆弧是任意选定的，所以不一定是最危险滑弧，即上述计算的 K 不一定是最小的。因此，还必须对其他滑动圆弧（不同圆心位置和不同半径）进行计算，直至求得最小的安全系数，最小的安全系数对应的滑弧即为最危险滑弧。所以条分法实际上是一种试算法。由于这种计算的工作量大，目前一般由计算机来完成这种计算，即根据具体的边坡和土质，假设滑弧圆心和滑弧半径在坡体与地基内搜索最危险滑弧，同时确定最小安全系数。当 $K_{min} > 1$ 时，土坡是稳定的，根据边坡工程的安全等级，一般可取 $K_{min} = 1.05 \sim 1.35$[参见《建筑边坡工程技术规范》（GB 50330—2013）]。

6.7.3　人工边坡的确定

在山坡整体稳定的情况下，边坡的设计和施工，关键是根据工程地质条件确定合理的边坡容许坡度和高度，或确定以经验拟定的尺寸是否稳定合理。

1. 查表法

当工程地质条件良好，岩土质较均匀时，可以参照表 6-4、表 6-5 确定边坡的坡率允许值。

表 6-4　土质边坡坡率允许值

土的类别	密实度或状态	边坡高度	
		5 m 以下	5~10 m
碎石土	密实	$(1:0.35)\sim(1:0.50)$	$(1:0.50)\sim(1:0.75)$
	中密	$(1:0.50)\sim(1:0.75)$	$(1:0.75)\sim(1:1.00)$
	稍密	$(1:0.75)\sim(1:1.00)$	$(1:1.00)\sim(1:1.25)$
一般黏性土	坚硬	$(1:0.75)\sim(1:1.00)$	$(1:1.00)\sim(1:1.25)$
	硬塑	$(1:1.00)\sim(1:1.25)$	$(1:1.25)\sim(1:1.50)$

注:本表中的碎石土,其填充物为坚硬或硬塑状态的黏性土;砂土或碎石土的充填物为砂土时,其边坡允许坡度值按自然休止角确定。

表 6-5　岩质边坡坡率允许值

边坡岩体类型	风化程度	边坡允许值(高宽比)		
		$H<8$ m	$8\text{ m}\leqslant H<15$ m	$15\text{ m}\leqslant H<25$ m
Ⅰ类	未(微)风化	$(1:0.00)\sim(1:0.10)$	$(1:0.10)\sim(1:0.15)$	$(1:0.15)\sim(1:0.25)$
	中等风化	$(1:0.10)\sim(1:0.15)$	$(1:0.15)\sim(1:0.25)$	$(1:0.25)\sim(1:0.35)$
Ⅱ类	未(微)风化	$(1:0.10)\sim(1:0.15)$	$(1:0.15)\sim(1:0.25)$	$(1:0.25)\sim(1:0.35)$
	中等风化	$(1:0.15)\sim(1:0.25)$	$(1:0.25)\sim(1:0.35)$	$(1:0.35)\sim(1:0.50)$
Ⅲ类	未(微)风化	$(1:0.25)\sim(1:0.35)$	$(1:0.35)\sim(1:0.50)$	—
	中等风化	$(1:0.35)\sim(1:0.50)$	$(1:0.50)\sim(1:0.75)$	—
Ⅳ类	中等风化	$(1:0.50)\sim(1:0.75)$	$(1:0.75)\sim(1:1.00)$	—
	强风化	$(1:0.75)\sim(1:1.0)$	—	—

注:H 为边坡高度;Ⅳ类强风化包括各类风化程度的极软岩;全风化岩体可按土质边坡坡率取值。

2. 泰勒图表法

土坡的稳定性与土体的抗剪强度指标 c、φ,土的重度 γ,土坡的坡角 β 和坡高 h 等 5 个参数有密切关系。因为这 5 个参数考虑了均质黏性土土坡的所有物理力学特性, D. W. 泰勒(Taylor)1937 年用图表表达了其中的关系。为了简化,把 3 个参数 c、φ 和 h 合并为一个新的无量纲参数 N_s,称为稳定数,其值仅取决于坡角 β 和深度系数 n_d(见下述)。 N_s 的定义为

$$N_s=\frac{\gamma h_{cr}}{c} \tag{6-38}$$

式中　h_{cr}——土坡的临界(极限)高度。

按不同的 φ 角绘出 N_s 与 β 的关系曲线,如图 6-33 所示。对于 $\varphi=0$ 且 $\beta<53°$ 的软黏土土坡,其稳定性与下卧硬层距土坡坡顶的距离 h_d 有关,计算时查图中的虚线,图中深度

143

系数 $\eta_d = h_d/h$，h 为土坡高度。

采用泰勒图表法可以解决简单土坡稳定分析中的下述问题：

（1）已知坡角 β 及土的 c、φ、γ，求稳定的坡高 h。

（2）已知坡高 h 及土的 c、φ、γ，求稳定的坡角 β。

（3）已知坡高 h、坡角 β 及土的 c、φ、γ，求稳定安全系数 K。

泰勒图表法比较简单，一般多用于计算均质的、高度在 10 m 以内的土坡，也可用于对较复杂情况的初步估算。

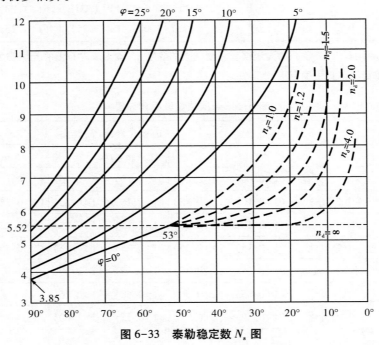

图 6-33　泰勒稳定数 N_s 图

本 章 小 结

土压力是指作用于挡土结构物上的侧向压力，以压力强度表示，土压力的影响因素中最主要的是挡土墙的位移方向和位移量。根据挡土墙位移情况，土压力可分为静止土压力、主动土压力、被动土压力。

静止土压力强度　　　　　　$p_0 = K_0 \gamma z$

朗肯土压力强度　主动：$p_a = \gamma z K_a - 2c\sqrt{K_a}$　被动：$p_p = \gamma z K_p + 2c\sqrt{K_p}$

库仑土压力强度　主动：$p_a = \gamma z K_a$　被动：$p_p = \gamma z K_p$

规范法计算土压力　　　　　　$E_a = \psi_c \dfrac{1}{2}\gamma H^2 K_a$

挡土墙设计包括墙型选择、稳定性验算、地基承载力验算、墙身材料强度验算以及一

普通高等教育土木类专业"十四五"系列教材

些设计中的构造要求和措施。

挡土墙有多种类型,按其所用的材料可分为砖、毛石、混凝土以及钢筋混凝土等。按结构型式有重力式、悬臂式、扶壁式、锚杆式、锚定板式等。

重力式挡土墙的设计包括:挡土墙的型式选定后,根据挡土墙所处的条件(工程性质、墙后土体的性质、荷载情况、建筑材料以及施工条件等),凭经验初步拟定截面尺寸,然后进行验算。如不满足要求,则应改变截面尺寸或者采用其他措施。挡土墙的计算通常包括:①稳定性验算;②地基承载力验算;③墙身强度验算;④抗震计算。

土坡是指具有倾斜坡面的土体,通常可分为天然土坡(由于地质作用自然形成的土坡,如山坡、江河岸坡等)和人工土坡。

影响土坡稳定的因素有:外界荷载作用或土坡环境变化等导致土体内部剪应力加大;外界各种因素影响导致土体抗剪强度降低,促使土坡失稳破坏。

应用条分法对黏性土坡的稳定性进行分析:$K = \dfrac{T'R}{TR} = \dfrac{\sum (W_i \cos \beta_i \tan \varphi_i + c_i l_i)}{\sum W_i \sin \beta_i}$。

利用查表法、图表法确定人工边坡的坡度。

思考题与习题

思考题

6-1　试阐述主动、静止、被动土压力产生的条件,并比较三者的大小。

6-2　对比朗肯土压力理论和库仑土压力理论的基本假定和适用条件。

6-3　常见的挡土墙有哪些类型? 常用于什么场合?

6-4　墙背积水对挡土墙的稳定性有何影响?

6-5　导致土坡失稳的因素有哪些? 对于濒临失稳的土坡使之稳定的应急手段是什么?

6-6　土坡稳定分析的圆弧法的安全系数的含义是什么? 计算时为什么要分条? 最危险滑动面如何确定?

6-7　试简述挡土墙的类型及其各自的主要特点与适用范围。

6-8　进行重力式挡土墙设计需进行哪些基本验算?

习题

6-1　挡土墙高 4.2 m,墙背竖直、光滑,填土表面水平,填土的物理指标:$\gamma = 18.5$ kN/m³, $c = 8$ kPa, $\varphi = 24°$。

(1)计算主动土压力 E_a 及作用点位置,并绘出 p_a 分布图;

普通高等教育土木类专业"十四五"系列教材

（2）求地表作用有 20 kPa 均布荷载时的 E_a 及作用点，并绘出 p_a 分布图。

6-2　挡土墙高 5 m，墙背竖直光滑，墙后填土为砂土，表面水平，$\varphi = 30°$，地下水位距填土表面 2 m，水上填土重度 $\gamma = 18$ kN/m³，水下土的饱和重度 $\gamma_{sat} = 21$ kN/m³，试绘出主动土压力强度和静水压力分布图，并求出总侧压力的大小。

6-3　挡土墙高 4 m，填土倾向角 $\beta = 10°$，填土的重度 $\gamma = 20$ kN/m³，$c = 0$，$\varphi = 30°$，填土与墙背的摩擦角 $\delta = 10°$，试用库仑理论分别计算墙背倾斜角 $\alpha = 10°$ 和 $\alpha = -10°$ 时的主动土压力，并绘图表示其分布与合力、作用点位置和方向。

6-4　挡土墙高 6 m，填土分成两层，各层土的物理及力学性质指标如图 6-34 所示，试绘出主动土压力强度分布图，并求出土压力大小。

6-5　如图 6-35 所示，挡土墙的墙身砌体重度 $\gamma_k = 22.0$ kN/m³，试验算该挡土墙的稳定性。

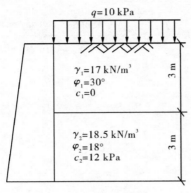 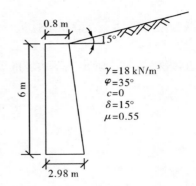

图 6-34　习题 6-4 图　　　　图 6-35　习题 6-5 图

第 7 章 岩土工程

【学习目的和要求】

通过本章学习,熟悉岩土工程与岩土工程体制,了解注册土木工程师(岩土)的考试制度及考试内容;了解基坑工程、地下洞室的分类和支护形式,熟悉滑坡的处理方法。

【学习内容】

1. 岩土工程与岩土工程体制。
2. 岩土工程类型。
3. 岩土工程相关学科。
4. 地下水位与岩土工程。

【重点与难点】

重点:岩土工程类型。

难点:岩土工程相关学科。

7.1 岩土工程与岩土工程体制

7.1.1 岩土工程的定义

《中国土木建筑百科辞典》对岩土工程的释义为:"以工程地质学、岩体力学、土力学与基础工程学科为基础理论,研究和解决工程建设中与岩土有关的技术问题的一门新兴的应用科学。"

可以概括为三个层次:

(1)"岩土工程"是以土力学、岩体力学、基础工程为基础,并与工程地质学密切结合的综合性学科。

147

由于岩土工程涉及土和岩石两种性质不同的材料,解决土和岩石的工程问题不仅需要应用数学和力学,而且还需要运用地质学的知识和手段。因此,"岩土工程"并不是一门单一的学科,任何单一学科都不足以覆盖岩土工程丰富的内涵。

(2)"岩土工程"以岩石和土的利用、整治或改造作为研究内容。

有许多学科都以土或岩石作为其研究对象,例如地质学、土壤学等,其研究内容各不相同;"岩土工程"研究土和岩石并不是从地学或农业的角度,而是从工学的角度,以工程建设为目的研究岩石和土的工程性质。当岩土的工程性质或岩土环境不能满足工程建设要求时,就需要采取工程措施对岩土进行整治和改造,不仅涉及对岩土性质的认识,而且需要研究采用有效的、经济的方法实现工程目的。

(3)"岩土工程"服务于各类主体工程的勘察、设计与施工的全过程,是这些主体工程的组成部分。

"岩土工程"不是一门独立于土木工程学科之外的学科,而是寓于土木工程各主体工程之中的学科。但岩土工程又有其特有的、不同于上部结构的规律和研究方法,将它们的共同规律从各种主体工程中归纳出来进行研究,有助于更好地解决各类工程中的岩土工程问题,这是岩土工程学之所以能发展成为一门学科的客观基础。

岩土工程以工作内容来分,可分为岩土工程勘察、岩土工程设计、岩土工程施工、岩土工程检测和岩土工程管理等;以工程类型来分,可分为岩土地基工程、岩土边坡工程、岩土洞室工程、岩土支护工程和岩土环境工程等。

7.1.2　岩土工程与工程地质的区别与联系

工程地质是地质学的一门分支学科,是研究与工程建设有关的地质问题的科学。工程地质学的产生源于土木工程的需要,其本质是地学的一门应用科学;岩土工程是土木工程的一个分支,其本质是一门工程技术。

按学科的分类,岩土工程学科是土木工程学科的一个分支学科,是以岩土为主要研究对象的工程学学科;而工程地质学科是地质学的一个分支学科,是研究工程中的地质问题的地学学科。

7.1.3　岩土工程体制及专业就业方向

岩土工程体制是指在土木工程领域中,处理岩土工程问题的一种符合市场经济的运行机制,在业主、上部结构设计、岩土工程咨询之间建立相互配合协调的技术、经济关系的一种运行模式。

实行岩土工程体制的国家,岩土工程咨询公司或事务所所从事的技术工作不局限于勘察,而是涉及设计、施工和运行阶段等许多技术工作,覆盖了土木工程各个领域的岩土工程技术。其服务对象不分行业,其工作内容将地质调查和设计融为一体,且其技术人员具有地质和工程两方面的素养,是一种一揽子服务、全过程服务的技术咨询工作,成为岩土工程师从业的成功模型。

20 世纪 80 年代初期以前,我国的勘察体制基本上还是新中国成立初期的苏联模式,人们称之为"工程地质勘察体制",即按行政部门进行工程项目的规划、勘察、设计与施工。对于岩土工程问题,也按行政部门建立了分属于勘察、设计单位的技术主管或智囊团。在这种体制下,岩土工程被分割在各个不同的行业中;在同一个行业中,统一的岩土工程技术工作又被分割在勘察和设计两大部门。

1986 年,国家计划委员会正式发文要求在全国逐步推广岩土工程体制。目前,我国的岩土工程界已出现了多方面的显著变化:①执业范围从单纯的勘察变为参与岩土工程勘察、设计、施工、检测与监理等全过程。②工程成果报告加深了针对工程的分析评价力度,量化地提出工程设计方案或工程处理的方案与具体建议,改变了勘察工作局限于"打钻、取样、试验、提报告"的局面,并且在高大钊、顾宝和等勘察大师的带领和指引下,在广大的岩土工作者的共同努力下,岩土工程体制改革进程取得了显著成绩。但近年来却出现了岩土工程技术进展缓慢、经济效益差、成果质量低下等严重问题,主要表现在:钻探记录质量越来越差;《规范》规定的钻探方法及钻孔取样难以落实;勘察费多以钻探工作量计算,而岩土测试、分析评价等技术含量高的方法却处于从属地位;钻探取样、试验测试等技术进展缓慢,甚至被边缘化;除极个别单位外,我国多数勘察单位业务范围单一,人员技术水平较低,难以胜任岩土工程设计、监理、检测、监测等科技含量较高的工作。

但与市场经济国家相比,我们在组织结构,经营模式,质量控制,技术、装备水平等方面差距很大,人为割裂行业价值链、规模不经济、责任主体不明等诸多弊端已越来越影响岩土工程事业的发展。面对困境,原有的模式难以为继,唯有进行全面深化岩土工程体制改革,以适应新的发展环境和发展要求,这也是我国岩土工程体制加速发展、加快转型、推动跨越的必由之路和关键一招。

岩土工程专业毕业生就业有以下几个方向:

(1)可到建筑、市政、铁路、公路、水电、国防等行业中从事岩土工程领域的设计、施工、工程技术管理或工程监理等方面的工作。

(2)可到相应的高等院校或研究单位从事教学或科研工作。

7.1.4 注册土木工程师(岩土)

注册土木工程师(岩土)即通过国家考试注册认证的岩土工程师,主要研究岩土构成物质的工程特性。岩土工程师首先研究从工地采集的岩土样本以及岩土样本中的数据,然后计算出工地上的建筑所需的格构。地基、基础、公路铁路路基、基坑和边坡、水坝、隧道等的设计都需要岩土工程师为其提供建议。

7.1.4.1 注册土木工程师(岩土)考试方式

我国注册土木工程师(岩土)考试分两阶段进行:第一阶段是基础考试,在考生大学本科毕业后或大学专科毕业一年后按相应规定进行,其目的是测试考生是否基本掌握进入岩土工程实践所必须具备的基础及专业理论知识;第二阶段是专业考试,在考生通过基础考试,并在岩土工程工作岗位实践了规定年限的基础上进行,其目的是测试考生是否已具备按照国家法律、法规及技术规范进行岩土工程的勘察、设计和施工的能力和解决实践问题的能力。

7.1.4.2 注册土木工程师(岩土)考试内容

基础考试涉及 20 个科目:高等数学、普通物理、普通化学、理论力学、材料力学、流体力学、电工电子技术、信号与信息技术、计算机应用基础、工程经济、法律法规、土木工程材料、工程测量、职业法规、土木工程施工与管理、工程地质、结构力学、结构设计、土力学与基础工程、岩体力学与岩体工程。

专业考试的专业范围:岩土工程勘察、浅基础、深基础、地基处理、边坡和基坑、特殊土和不良地质、建筑工程抗震、地基检测。

7.1.4.3 注册土木工程师(岩土)发展方向

注册土木工程师(岩土)的发展主要分为两个方向:一是在咨询公司,这是未来岩土工程师主要的服务企业,主要负责勘察、测试、设计、检验、监测等与数据、论证、决策有关的工作;二是在工程公司,主要负责岩土工程的实施。

7.2 岩土工程类型

7.2.1 基坑工程

为保证基坑施工、主体地下结构的安全和周边环境不受损害而采取的支护结构加固、降水和土方开挖与回填等工程的总称,包括勘察、设计、施工、监测等工作。

7.2.1.1 基坑的分类

1. 按开挖深度分类

一般把深度等于或大于 7 m 的基坑称为深基坑。

2. 按开挖方式分类

按照土方开挖方式可以将基坑分为放坡开挖基坑和支护开挖基坑两大类。目前,在城市建设中,由于受周边环境条件所限,以支护开挖为主要形式。支护开挖包括围护结构、支撑(或锚固)系统、土体开挖、土体加固、地下水控制、工程监测、环境保护等几个主要组成部分。

3. 按功能用途分类

基坑按照其功能用途可分为楼宇基坑、地铁站深基坑、市政工程地下设施深基坑、工业深基坑等。

4. 按安全等级分类

根据基坑的开挖深度 H、邻近建（构）筑物及管线至坑口的距离 a、工程地质、水文地质条件，按破坏后的严重程度将基坑工程分为三个安全等级，并分别对应于三个级别的重要性系数，如表 7-1 所示。因此，根据基坑工程的安全等级，基坑可分为一级基坑、二级基坑和三级基坑。

表 7-1　基坑侧壁安全等级及重要性系数

安全等级	重要性系数 γ_0	破坏后果	基坑分类
一级	1.10	支护结构破坏对基坑周边环境及地下结构施工影响很严重	一级基坑
二级	1.00	支护结构破坏对基坑周边环境及地下结构施工影响一般	二级基坑
三级	0.90	支护结构破坏对基坑周边环境及地下结构施工影响不严重	三级基坑

7.2.1.2　类型与适用范围

基坑开挖可分为放坡开挖和支护开挖两大类。目前，以支护开挖为主要形式。十多年来，我国深基坑支护结构的类型有了很大发展，已形成了我国的支护结构体系。

1. 水泥土挡墙

若基坑开挖深度较浅，一般当小于 7 m 时，可用此支护结构，它既可挡土又可挡水，常用于沿海和南方地区。图 7-1 列举了常用的水泥挡土墙支护结构的布置形式，可以通过在墙体中插入钢管、钢筋、型钢、木棒、竹筋等方法来提高水泥土挡墙支护结构的刚度（抗弯强度），有时也可用砂、碎石等置换格栅式结构中的土，以增加结构的稳定性。

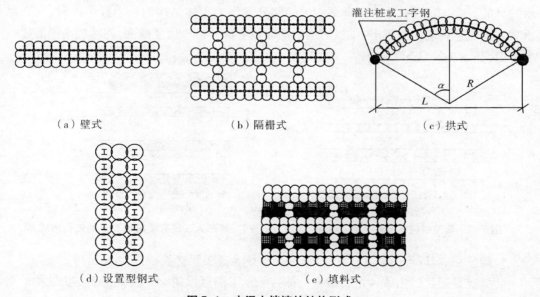

（a）壁式　　　　（b）隔栅式　　　　（c）拱式

（d）设置型钢式　　　　（e）填料式

图 7-1　水泥土挡墙的结构形式

151

2. 土钉墙

土钉墙亦称喷锚支护、土钉支护，如图 7-2 所示。此结构一般在地下水位较低的地区使用，如果地下水位高或有上层滞水，则往往需要采取截水措施。目前，我国土钉墙支护基坑深度已达 18 m，但如果土层较差，则随着深度的增加必须采用其他辅助措施，以确保基坑安全。

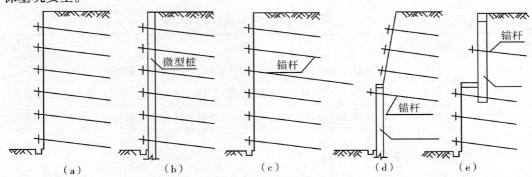

图 7-2　土钉墙支护的结构形式

3. 灌注桩桩排

作为基坑支护结构的灌注桩一般指钻、冲、人工挖孔桩。根据不同工程要求，可以选择密排形式，也可选择疏排形式；可以使用单排桩，也可以使用双排桩；可以采用悬臂式，也可采用桩-撑锚体系，如图 7-3 所示。如需防渗止水，则可采用深层搅拌桩、高压喷射注浆或化学注浆形式的止水帷幕，实际工程中也有采用联体人工挖孔桩来达到挡土和止水的目的。人工挖孔桩作为主体结构的一部分或作为主体结构的外模板使用时，在满足承载力及变形要求的前提下，排桩的基坑底面以上部分可采用变截面，使基坑内侧形成一个平面，如图 7-4 所示。

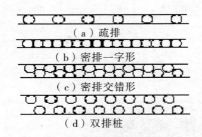

图 7-3　灌注桩桩排支护的结构形式

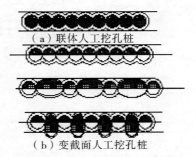

图 7-4　异形人工挖孔桩桩排支护的结构形式

4. 钢板桩、"H"形（或"工"字形）钢桩或钢筋混凝土预制桩桩排

此类桩是通过锤击或冲击将成型桩体打入地下而形成挡土或挡土止水支护结构。对于"H"形钢桩（见图 7-5）或钢筋混凝土预制桩桩排，如果地下水位高或有上层滞水，则应采取降水或截水措施。钢筋混凝土预制桩可以是方桩，也可以是圆桩。钢板桩有"U"形、"Z"形和直腹形等，常用的是"U"形咬口式，如图 7-6 所示。

152

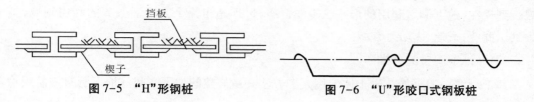

图 7-5 "H"形钢桩   图 7-6 "U"形咬口式钢板桩

5. 地下连续墙

地下连续墙除在基坑开挖时起挡土隔水作用外,还可兼作地下室外墙,也可作为主体结构的承重墙。地下连续墙的优越性早已被世界公认,在大深度基坑和复杂的工程环境下,采用地下连续墙似乎是唯一经济可行的方法。根据工程需要,可以设计支撑或锚杆。近年来 SMW 工法地下连续墙也得到应用,显示了良好的性能和经济性。

6. 沉井沉箱

遇到特殊结构物(如地铁的工作井、排水泵站、取水构筑物等)时,则多采用沉井沉箱。在建筑基坑中也有用沉井沉箱的。

7. 闭合(或非闭合)挡土拱圈

根据基坑周边的场地条件可选择闭合挡土拱圈或非闭合挡土拱圈。闭合挡土拱圈用钢筋混凝土就地浇筑,且不需要深入至基坑地面以下,也不需要按基坑全深度配置。它只需在基坑深度范围内的部分高度内配置,并可分若干道施工,每道高 2 m 左右,如图 7-7 所示。拱墙一般做成"Z"形,拱圈可由若干条不连续的二次曲线组成,也可是一个完整的椭圆形。拱圈结构一般不作为防水体系使用,这种结构的支护特点是拱圈上的土压力大部分由拱圈自身平衡。当基坑因局部场地限制不能采用闭合挡土拱圈时,可采用非闭合挡土拱圈,即一部分采用排桩或其他支护结构,而组成混合型支护体系。

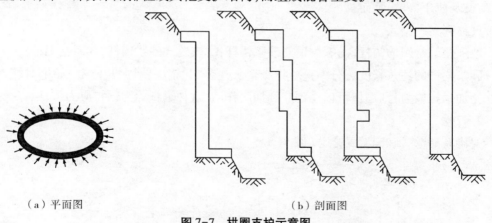

（a）平面图   （b）剖面图

图 7-7 拱圈支护示意图

该支护结构已在广州、珠海、深圳等地 6~12 m 的深基坑中得到成功应用。

7.2.2 地下洞室

自从人类出现以来,地下洞室作为人类防御自然和外敌侵袭的防御设施而被利用。随着科学技术和人类文明的发展,这种利用也从利用自然洞室向开发人工洞室的方向发展。到现在,地下洞室利用的形态已千姿百态,远远超出为个人生活服务的利用领域,扩大到了商业、交通、人防等领域。

7.2.2.1 地下洞室的分类

地下洞室一般是指在岩土体中用人工方法开凿修建的地下空间。地下洞室按使用功能分有:

①军事工程:如地下军事指挥所、人员或装备掩蔽所、重要地下通信设备及战备电站等。

②地下交通工程:地下公路、铁路隧道或城市地铁、人行地道等。

③城市基础设施和共同沟:城市地下自来水厂,地下污水处理厂及便于安装和检修、设置动力电缆、通信电缆、给排水管道的共同沟(煤气管道及有爆炸危险的管道应单独设置)。

④地下采掘空间:各种矿体开掘后形成的洞穴。这类洞穴有些未被利用,或常被水、土淤填,这类洞穴还有一些作为储藏核废料或其他物质等用途的。

⑤地下工厂或车间:如地下水电站、地下精加工车间等。

⑥地下仓库设备:地下油罐、粮仓、地下冷库等。

⑦地下民用设施:地下商场、旅馆、地下游乐场、地下医院、地下住宅等。

7.2.2.2 地下洞室支护措施

当洞室开挖后,二次地应力大或洞室围岩破碎难以自稳(脆性崩落或塑性变形不收敛)时必须进行支护。支护结构有3种:①喷锚支护;②锚杆支护;③衬砌。这3种支护结构可以单一采用或采用其中2种甚至采用3种联合支护,根据岩质的好坏和洞室情况(宽度、高度及使用要求)而定。

1. 锚杆支护

地下建筑常用的锚杆:①螺纹钢筋砂浆锚杆;②楔缝式砂浆锚杆;③树脂锚杆。

砂浆锚杆的注浆长度可分为整个杆身全长注浆、只锚头锚固段注浆。如果对埋入的锚杆施加预拉应力,则锚杆可以立刻起到加固作用,这种锚杆称为预拉应力锚杆。

2. 衬砌

衬砌有贴壁式和离壁式之分(图7-8)。

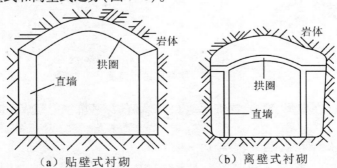

(a) 贴壁式衬砌   (b) 离壁式衬砌

图7-8 衬砌类型

154

（1）贴壁式衬砌

有厚拱薄墙式、贴壁直墙式和贴壁曲墙式之分。在墙高不大、岩层产状平缓（小于10°）、岩体强度较高时，其侧壁通常稳定，不需较强的支护，可以采用薄墙护壁处理。此时的厚拱通常可采用大拱脚（拱脚厚度一般为拱顶厚度的 1.2~1.7 倍）直接支承于岩壁上。曲墙受力性能较好，但施工较复杂。

①直墙拱形衬砌，根据洞室尺寸和受力性能可以采用条石或预制混凝土块砌筑。岩层稳定性好、洞室尺寸小的，也有用强度等级不低于 MU10 的砖砌筑的，但用得更多的是钢筋混凝土。

②衬砌拱圈可用割圆拱、抛物线拱或三心圆拱等。拱的矢高可由矢跨比求出，矢跨比通常采用 1/3~1/5。某些情况下可采用半圆拱，即矢高比等于 1/2。当拱脚岩层较好，承受水平推力有保证时，拱的矢高比可用到 1/6 或更小。拱顶衬砌厚度根据计算确定，计算常采用试算法，先假定拱顶厚度约为净跨的 1/8~1/20，然后进行计算，出入较大时再重新假设进行计算。拱脚厚度一般取为拱顶厚度的 1.0~1.5 倍。

（2）离壁式衬砌

通常用于岩体可自稳的某些区段，对于虽稳定但需防爆或防原子冲击波的洞体，仍以贴壁式衬砌为宜。离壁式衬砌具有以下优点：

①洞内防潮去湿、通风易于处理，岩壁的渗漏水可从衬砌外排走，在边墙和岩壁之间可形成自然排风通道；

②由于边墙与岩壁间通常不用回填，可以减少回填工作量（拱顶一般还需回填或部分回填以减少岩石可能掉块的冲击荷载）；

③边墙可采用预制砌块，拱顶可用滑模压注混凝土，施工速度较快；

④对可能出现的塌方或渗漏水，易于检查处理。

3. 喷锚支护

①喷射混凝土支护。受节理裂隙切割的岩体，在成洞以后的洞壁表面，可能因某块危石的旋转、错动或掉落，引起其他岩块发生连锁反应而相继掉落、滑动，故对一块成石的加固非常重要。所以有些洞室在开挖后，应先喷射一层混凝土以策安全，然后做 2~3 次喷射或加锚杆或衬砌。

②喷射加钢筋网支护。混凝土喷层主要靠混凝土的抗拉强度和混凝土与岩壁的黏结力来支持危岩的重量。由于混凝土的抗拉强度和黏结力均较低，在岩层较破碎或危岩重量较大时，宜于初喷后挂钢筋网，再喷混凝土以形成较坚实的支护层。喷射混凝土用的普通硅酸盐水泥不得低于 C40，每次喷射最小设计厚度：拱部不小于 5 cm，边墙不小于 3 cm。

喷锚支护应用比较广泛，除可以和衬砌组成复合式衬砌外，如无特殊要求也可单独使用。这里的特殊要求是指洞内需要表面光洁度等。在采用复合式衬砌的时候，有时也可用喷射支护使岩体达到基本稳定，在稍后或等待整个洞体贯通以后再施工表层的衬砌。

7.2.3 滑坡处理

滑坡(landslide)是指构成斜坡的岩土体在重力或其他自然因素作用下沿一定的软弱面做整体、缓慢、间歇向下滑动的现象。斜坡上的岩土体因内部地质条件的变化和外部环境因素的作用,引起原有平衡的失效而导致滑坡的发育和发展。因自然地质活动和人类生产行为而诱发的滑坡经常危及交通线路的正常运行和人民生命财产的安全。滑坡的整治、防护、监测、预报是岩土工程、工程地质、防灾减灾与防护工程的重要内容。

7.2.3.1 滑坡稳定性分析

滑坡稳定性分析的目的是判断滑坡的稳定状态,为滑坡的整治提供稳定性分析资料。深入分析滑坡的成因,有助于正确进行滑坡稳定性分析并采取正确的工程措施。

(1)滑坡成因分析

滑坡是诱发滑坡的外部环境和斜坡本身的内部条件共同作用的结果。滑坡形成的内部条件是滑坡发生的内因,外部环境是外因。一定的外部环境通过对斜坡的作用,破坏了先前的稳定平衡,从而导致滑坡的产生。图7-9详细列举了滑坡产生的各种原因。

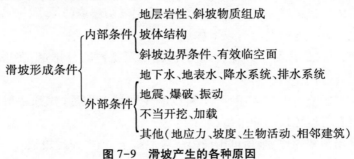

图7-9 滑坡产生的各种原因

(2)滑坡稳定性分析

滑坡的稳定性分析包括定性判断和定量计算。

定性判断可以从以下几方面进行:①根据滑坡的地貌形态判断滑坡的稳定性;②根据滑坡的工程地质类比来判断滑坡的稳定性;③根据滑动前的各种迹象判断滑坡的稳定性。

定量计算的主要工作是确定下滑力和抗滑强度,有以下几种方法进行定量分析计算:①常规土坡稳定计算方法;②极限(极值)分析方法;③数值计算方法。

7.2.3.2 滑坡的整治措施

对于滑坡地带的建筑,首先应考虑绕避原则。对于无法绕避的滑坡地区工程,经过技术经济比较,在经济合理及技术可能的情况下,即可对滑坡工程进行整治。滑坡整治可以从两个角度进行:一是直接整治滑坡,采取各种工程技术措施阻止滑坡的产生;二是采取工程技术措施,保护滑坡发生时可能受到危害的建(构)筑物和各种重要国防交通、通信设施。

(1)滑坡整治应根据滑坡的性质、规模、被保护对象的重要性、工程技术可行性而遵循以下主要原则：

①以防为主，尽量避开。对于重要工程建设项目，应尽量避开。对于滑坡地带已建工程、难以绕避地区，应尽量避免破坏原有平衡，防止滑坡的产生。

②对症下药，综合防治。不同类型的滑坡或不同地质环境中的滑坡，其形成条件和发育过程各不相同。深入研究分析滑坡产生的原因、类型、范围、地质特征、发展阶段后，才能对症下药，提出合理的治理方案。同时，对于大型滑坡或滑坡群地带，形成滑坡的原因是多方面的，应有针对性地采取措施，进行综合防治。

③确保根治，以绝后患。对于直接威胁生命财产和重要工程安全的滑坡，原则上要根治，以绝后患，避免滑坡反复、重复整治而造成巨大浪费。对于大型滑坡或滑坡群，若一次性根治的投资过大，则应依次规划，分期实施治理，保证滑坡整治的连续性。对于突发性滑坡，应采取应急措施，先行恢复正常生活和生产工作，待查明原因后再对症下药，确保根治。

滑坡整治原则还包括：早下决心，及时处理；因地制宜，经济合理；方法简便，安全可靠。

(2)滑坡整治有以下几个途径：

①终止或减轻诱发滑坡的外部环境条件，如截流排水、卸荷减载、坡面防护。

②改善边坡内部力学特征和物质结构，如土质改良。

③设置抗滑工程直接阻止滑坡的发展，如抗滑桩、抗滑挡墙、预应力锚固等。

具体措施分列如下：

1)截流排水。截流排水主要是为了防止地表水、地下水以及冲刷侵袭。

对于滑坡体外的地表水，采取拦截旁引的方法阻止滑坡体外的地表水流向滑坡体内。对于滑坡体内的地表水，采取防渗汇流、快速排走的方法减轻该部分地表水对滑坡的作用。常用的拦截排水工程有以下几种：

①外围截水沟。外围截水沟应设置在滑坡体(滑坡周界外侧)或老滑体后缘裂缝 5 m 以外，根据山坡的汇水面积，设计降雨量设置外围截水沟，如图 7-10 所示。如果坡面汇水面积、地表径流的流速、流量较大，则可设置多条、多级外围截水沟以满足排水需要。

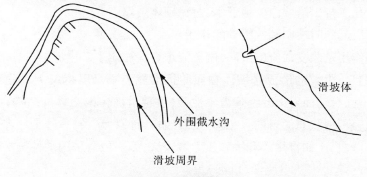

图 7-10　外围截水沟

②内部排水沟。对于滑坡体内的地表水,除充分利用自然沟谷排水外,还可设置内部排水沟,以加快地表水向滑坡体外排出。排水主沟方向应和滑坡主轴方向一致,应尽量避免横切滑动方向。支沟方向与主轴方向斜交 30°~45°,内部排水沟平面多呈树枝状,一般设置在呈槽形的纵向谷地中间。当排水沟跨越地表裂缝时,应采用叠置式的沟槽以防地表水下渗。

③坡面夯实防渗。为了防止地表水下渗,对表土松散易渗的土体,应夯填坑洼和裂缝,并整平夯实,使雨水能迅速向自然沟谷和排水沟汇集排走。在滑坡体表面应种植草皮以减轻地表水对滑坡体的表面冲刷,必要时可设计护面。

④盲沟。对于滑坡体外的地表水,可设置截水盲沟旁引排走。对滑坡体内的地下水,可设置排水孔、排水隧洞、支撑盲沟,或以灌浆阻水方法拦截导引。

⑤排水孔。对于深层地下水,可设置排水孔群以加速排泄。按钻孔布置形式,排水孔可以分为垂直排水孔、倾斜排水孔和放射状排水孔。排水隧洞主要用于其他排水措施不力的地带,可汇集不同层次和区域的地下水并集中排走。排水隧洞按其功能可分为体外截水隧洞和体内截水隧洞,并可与排水孔群联合设置以增强排水能力,设置相应检查井以便维修疏通。

2)卸荷减载。卸荷减载是通过恢复坡体以达到阻滑的目的,具有施工简便、技术简单的特点。减重主要针对主滑部分,特别是滑体后缘。对于滑体前缘有阻滑作用的部分不能减重(在地形许可的情况下,应该加重反压增大抗滑能力)。

卸荷减载施工时应防止边坡开挖引起新的失稳,避免上方土体平衡被破坏。卸荷后的新开挖边坡应及时平整防渗。对阻滑部分进行加重反压前,应采取措施排水并清除地表杂草松土,避免反压土体滞水。

3)坡面防护。江河湖海对岸坡的冲刷侵袭引起滑坡的情况相当普遍,对沿河而行的交通线路的危害特别严重,尤以雨期水位上涨为最。因此,如何减轻或防止冲刷浪击对边坡的危害尤显重要。常用的治理方法有砌石护坡、挡水墙、丁字坝、抛石护坡等。

砌石护坡是选用抗风化和抗冲刷能力强的新鲜岩石作为浆砌片石贴在岸坡之上,以保护岸坡不被冲刷。护坡基础应置于基岩之上或深入河床冲刷线以下。砌体中应设置距离适当的泄水孔以排出岸坡内的地下水,避免砌体坍塌。

挡水墙可以起到防冲刷和抗滑动的作用。

丁字坝的作用是改变河流的方向,避免流水直接冲刷下游岸坡。

4)土质改良。滑坡的形成是坡体物质的抗滑能力不足以抵抗下滑趋势造成的。通过土质改良,增强滑动面岩土的物理力学性质,改善滑坡体内土体的结构,从而达到加大抗滑能力和减轻下滑状态的目的。目前,土质改良有两种途径:一种是加进某种材料以改变斜坡岩石土体成分,如直接拌和法和压力灌浆法;另一种是采用某种技术改变土的结构状态,如热处理(焙烧法)、电化学(电渗)等。

直接拌和是将固化材料如沥青、水泥、石灰和其他化学固化剂掺入斜坡土体并拌和压实,使土胶结以提高土的强度和抗水性。其中沥青和水泥用于无黏性土的效果较好,而石灰粉、煤灰多用于黏性土的改良。

灌浆法是将胶结材料的浆液通过钻孔压入岩土体的孔隙或裂隙中,待其凝固后增强岩土体强度和抗水性。灌浆方法与灌浆压力的选择尤为重要。最常见的灌浆材料是水泥浆,其他高分子化学灌浆材料有水玻璃灌浆、丙凝灌浆、氰凝灌浆等。

5)支挡抗滑。支挡结构是整治滑坡最有效的措施之一,尤其广泛应用于山区交通线路工程中。按其形式和功用,支挡工程可分为抗滑桩、抗滑挡墙、锚固或预应力锚固结构。

抗滑桩是穿透滑体深入稳定滑床,利用锚固段桩身前后岩土体的弹性抗力平衡滑坡推力阻止滑动的一种桩柱。一般的抗滑桩整治工程都是由几根抗滑桩组成的桩群共同作用达到止滑目的的。抗滑桩工程对山坡破坏小,施工安全方便,省工省料。成孔形式多样,各种地形地质条件皆可适用。利用机械化施工,工期短。在机具难以展开的地方可以人工挖孔。

抗滑桩群可以布置成多种形式,如互相联结的桩排、互相间隔的桩排、下部间隔而顶部联结的桩排等。抗滑桩的选材、几何尺寸、布置形式、锚固深度的设计取决于滑坡的推力大小和滑坡的特征,均需满足抗剪、抗弯、抗倾斜,防止土体从桩间或桩顶滑出等要求。

抗滑挡墙是借助挡墙本身重量产生的抗滑力来平衡滑体剩余下滑力的一种抗滑结构,按照建筑材料和结构形式可以分为抗滑片石垛、抗滑竹(铁)笼、浆砌石抗滑挡墙、混凝土或钢筋混凝土抗滑挡墙、空心抗滑挡墙(明峒)和沉井式抗滑挡墙。

7.3　岩土工程相关学科

作为与天然材料相关的学科,岩土工程涉及的内容较多,相关学科也较多。

7.3.1　城市地下空间工程

城市地下空间是指属于地表以下,主要针对建筑方面来说的一个名词,它的范围很广,比如地下商城、地下停车场、地铁、矿井穿海隧道等建筑空间;以城市地下空间为主体,研究地下空间开发利用过程中的各种环境岩土工程问题,地下空间资源的合理利用策略,以及各类地下结构的设计、计算方法和地下工程的施工技术[如浅埋暗挖、盾构法、冻结法、降水排水法、沉管法、岩石隧道掘进机法(TBM 法)等]及其优化措施等。

7.3.2　交通岩土工程

与轨道交通、高速铁路、高速公路、城市道路等交通设施相关的岩土工程可以统称为交通岩土工程。我国的轨道交通、高速铁路、高速公路、城市道路、机场、港口等国家重大交通基础设施的大规模建设和运营均取得了举世瞩目的成就,交通岩土工程的理论和创新水平正在快速发展。交通基础设施地基基础的勘察、设计、施工、检测和加固,交通隧道

普通高等教育土木类专业"十四五"系列教材

和地下工程的设计、施工和运营,交通基础设施地基处理、边坡与支挡结构,交通岩土工程抗震、车-路-地基共同作用、特殊土地区的交通岩土工程,交通基础工程环境保护与修复、轨道交通岩土及地下水问题、岩土工程智能化技术。

7.3.3 海洋岩土工程

海洋岩土工程是随海洋资源开发、海洋工程和海上贸易的发展而逐步建立起来的、研究海洋结构物地基基础勘察、评价、设计、施工及测试的一门新兴综合性交叉学科。它的研究领域包括海洋工程地质学、区域海洋工程地质学、海洋土力学、海洋基础工程等,与海洋地质学、海洋生物学、海洋水力学、海洋气象学、海洋建筑结构等学科有着密切关系。

海洋工程可分为近岸工程和离岸工程。近岸工程是建设于海滨岸滩及高、低潮水位附近的建筑,包括海堤、海塘、港口、码头、船坞、管线等。离岸工程则包括建设于浅海、半深海的各种平台、海洋管线、围海造陆、跨海大桥、海底隧道和海上风电基础等。由于所处海洋环境和建设目的的不同,其岩土工程研究方法和侧重点也有所差异。

7.3.4 环境岩土工程

随着经济、工业的迅速发展,人们越来越意识到人类活动对环境产生的两个负面影响:环境污染和生态破坏。于是,在科学领域中应运而生一门新兴学科——环境岩土工程学。

从环境岩土工程学的研究内涵来看,在对特殊土(黄土、盐渍土、红黏土、膨胀土、冻土)的研究基础上,需进一步开展垃圾土、污染土、海洋土及工业废料、废渣工程利用的研究;此外,受施工扰动土体的工程性质问题仍应成为研究的重点。废弃物处置设计中,要对垃圾土的取样方法、试验标准与方法、物理力学参数甚至本构关系进行研究,而我们在这方面的研究是极为初步的。对垃圾土、污染土和各种废料等处置的问题,国内外的学者也已意识到对污染运移机制研究的重要性,这方面相对垃圾填埋技术的发展而言,应该说投入的人力和研究成果的应用等还不能满足实际的需要。

7.3.4.1 环境岩土工程的研究内容与分类

环境岩土工程学是一门综合性交叉学科,它涉及岩土力学与岩土工程、卫生工程、环境工程、土壤学、土质学、水文地质、地球物理、地球化学、工程地质、采矿工程及农业工程学等学科。

环境岩土工程研究的内容可分为三类:

第一类称为环境工程。它主要是指用岩土工程的方法来抵御由于天灾引起的环境问题,例如抗沙漠化、洪水、滑坡、泥石流、地震、海啸等。这些问题通常泛指大环境问题。

第二类称为环境卫生工程。这一类主要是指用岩土工程的方法抵御由各种化学污染引起的环境问题,例如城市各种废弃物的处理、污泥的处理等。

第三类为由人类工程活动引起的一些环境问题。例如在密集的建筑群中打桩时,由于挤土、振动、噪声等对周围居住环境的影响;在深基坑开挖时,引起的水位下降和边坡位移;地下隧道掘进时对地面建筑物的影响等。

其中第二类环境卫生工程是环境岩土工程学的一个重要方面,其研究内容包括污染的机制、最终处置的方法和设计以及环境监测等。

图 7-11 具体列出了环境岩土工程学研究的内容及分类。

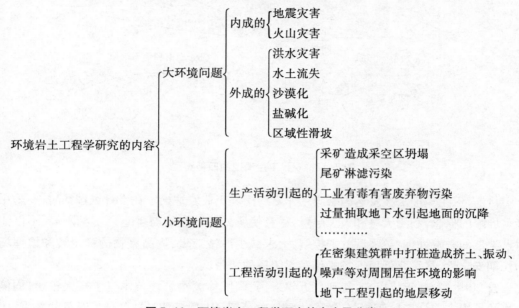

图 7-11　环境岩土工程学研究的内容及分类

7.3.4.2　固体废物填埋场

城市固体废物一般包括生产垃圾、商业垃圾和生活垃圾。随着经济发展和都市规模的扩大,城市固体废物的产量逐年增加。面对这些固体废物,为了减少对环境的危害和充分利用有限的土地资源,必须建立现代化的卫生填埋场,使城市固体废物达到无害化。卫生填埋是处置固体废物的一种方法,其实质是将固体废物铺成一定厚度的薄层,加以压实,并覆盖土壤。依靠规划、设计,严格施工和加强管理能防止对周围环境、大气和地下水源的再污染。

一个现代卫生填埋工程主要应由组合衬垫系统、淋洗液收集和排出系统、气体控制系统和封顶系统组成。

不同填埋单元之间的相互联系和填埋次序在填埋场设计中十分重要,根据这些单元的组合,从几何外形来看,一般可将填埋场的形式分为四类:

面上堆填[图 7-12(a)]:填埋过程只有很小的开挖或不开挖,通常用于比较平坦且地下水埋藏较浅的地区。

地上和地下堆填[图 7-12(b)]:填埋场由同时开挖的大单元双向布置组成,一旦两个相近单元填起来,它们之间的面积也可被填起来,通常用于比较平坦但地下水埋藏较深的地区。

谷地堆填[图7-12(c)]:堆填的地区位于天然坡度之间,它可能包括少许地下开挖。

挖沟堆填[图7-12(d)]:与地上和地下堆填相类似,但其填埋单元是狭窄的和平行的,通常仅用于比较小的废物沟。

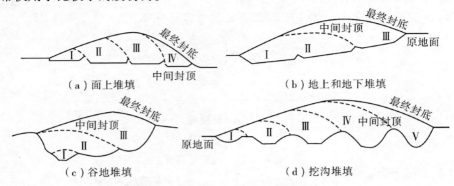

图7-12　现代卫生填埋的四种类型

目前,卫生填埋法在发达国家应用非常广泛。工业发达国家在设计填埋场时,多采用多重屏障的概念,利用天然和人工屏障,尽量使所处置的废物与生态环境相隔离,不但注意淋洗液的末端处理,更强调首端控制,力求减少淋洗液量,提高废物的稳定性和填埋场的长期安全性,尽量降低填埋场操作和封闭后的费用。

自20世纪60年代以来,特别是近年来,我国固体废物填埋技术有了很大进步,固体废物的处置方法从简单倾倒、分散堆放向集中处置、卫生填埋方向发展。但总的看来,国内大部分已建的填埋场在理论和设计方面仍然欠缺,在高性能防渗和排水材料的开发方面与国外有较大差距,设计人员对填埋场设计缺乏足够的知识和经验,所设计的填埋场不仅耗资大,而且直接影响其长期安全性能。

7.4　地下水位与岩土工程

几乎所有地质灾害问题、岩土工程问题均与水有关。近年来,人工抽汲地下水导致城市地下水位下降,由此引发的岩土工程问题引起了人们的广泛关注。另外,某些城市人工造水景观,导致部分区域地下水位上升,同样也会引起工程问题。因此,在从事工程建设时,应重视地下水位的变化。

7.4.1　地下水位上升引起的岩土工程问题

(1)浅基础地基承载力降低

无论是砂性土地基还是黏性土地基,其承载能力都具有随地下水位上升而下降的趋势。由于黏性土具有黏聚力的内在作用,故相应承载力的下降率较小些,最大下降率在

162

50%左右,而砂性土的最大下降率相对可达 70%。

(2)砂土地震液化加剧

地下水与砂土液化密切相关,没有水,也就没有所谓砂土的液化。经研究发现,随着地下水位上升,砂土抗地震液化能力随之减弱。

(3)建筑物震陷加剧

首先,对饱和疏松的细粉砂地基土而言,在地震作用下因砂土液化,使得建在其上的建筑物产生附加沉降,即发生所谓的液化震陷。其次,对于大量的软弱黏性土而言,地下水位上升既促使其饱和,又扩大其饱和范围。因此,在地基设计中,必须考虑由地下水位上升而引起的这些方面的削弱。

(4)土壤沼泽化、盐渍化

当地下潜水位上升接近地表时,由于毛细作用而使地表土层过湿呈沼泽化,或者由于强烈的蒸发浓缩作用使盐分在上部岩土层中积聚形成盐渍土。这不仅改变了岩土原来的物理性质,而且改变了潜水的化学成分,矿化度增高,增强了岩土及地下水对建筑物的腐蚀性。

(5)岩土体产生变形、滑移、崩塌失稳等不良地质现象

在河谷阶地、斜坡及岸边地带,地下潜水位或河水位上升时,岩土体浸润范围增大,浸润程度加剧,岩土被水饱和、软化,降低了抗剪强度;地表水位下降时,向坡外渗流,可能产生潜蚀作用及流沙、管涌等现象,破坏了岩土体的结构和强度;地下水的升降变化还可能增大动水压力。以上种种因素,促使岩土体产生变形、崩塌、滑移等。因此,在河谷、岸边、斜坡地带修建建筑物时,应特别重视地下水位的上升、下降变化对斜坡稳定性的影响。

(6)冻胀作用的影响

在寒冷地区,底下潜水位升高,地基土中含水量亦增多。由于冻结作用,岩土中水分往往迁移并集中分布,形成冰夹层或冰锥等,使地基土产生冻胀、地面隆起、桩台隆胀等。冻结状态的岩土体具有较高的强度和较低的压缩性,但温度升高岩土解冻后,其抗压和抗剪强度大大降低。对于含水量很大的岩土体,融化后的黏聚力约为冻胀时的 1/10,压缩性增大,可使地基产生融沉,易导致建筑物失稳开裂。

(7)对建筑物的影响

当地下水位在基础底面以下压缩层范围内发生变化时,就能直接影响建筑物的稳定性。若水位在压缩层范围内上升,水浸湿、软化地基土,使其强度降低、压缩性增大,建筑物就可能产生较大的沉降变形。对于地下停车场等结构,地下水位上升还可能使建筑物基础上浮,使建筑物失稳。

(8)对湿陷性黄土、崩解性岩土、盐渍岩土的影响

当地下水位上升后,水与岩土相互作用,湿陷性黄土、崩解性岩土、盐渍岩土产生湿陷、崩解、软化,其岩土结构破坏,强度降低,压缩性增大,这些将导致岩土体产生不均匀沉

降,引起其上部建筑物的倾斜、失稳开裂,地面或地下管道被拉断等现象,尤其对结构不稳定的湿陷性黄土更为严重。

(9)膨胀性岩土产生胀缩变形

在膨胀性岩土地区,浅层地下水多为上层滞水或裂隙水,无统一的水位,且水位季节性变化显著。地下水位季节性升、降变化或岩土体中水分的增减变化,可促使膨胀性岩土产生不均匀的胀缩变形。当地下水位变化频繁或变化幅度大时,不仅岩土的膨胀收缩变形往复,而且胀缩幅度也大。地下水位的上升还能使坚硬岩土软化、水解、膨胀、抗剪强度与力学强度降低,产生滑坡(沿裂隙面)、地裂、坍塌等不良地质现象,导致自身强度的降低和消失,引起建筑物的破坏。因此,对膨胀性岩土的地基进行评价时,应特别注意对场区水文地质条件的分析,预测在自然及人类活动下水文地质条件的变化趋势。

7.4.2 地下水位下降引起的岩土工程问题

地下水位下降往往会引起地表塌陷、地面沉降、海(咸)水入侵、地裂缝的复活与产生,以及地下水资源枯竭、水质恶化等一系列不良地质问题,并将对建筑物产生不良的影响。

(1)地表塌陷

塌陷是地下水动力条件改变的产物。水位降深与塌陷有密切的关系。当降深保持在基岩面以上且较稳定时,不易产生塌陷;水位降深小,地表塌陷坑的数量少,规模小;降深增大,水动力条件急剧改变,水对土体的潜蚀能力增强,地表塌陷坑的数量增多,规模增大。

(2)地面沉降

由于地下水不断被抽汲,导致地下水位下降,引起了区域性地面沉降。国内外地面沉降的实例表明,抽汲地下水使地层压密是导致地面沉降的普遍的和主要的原因。国内有些地区,由于大量抽汲地下水,已先后出现了严重的地面沉降。如 1921—1965 年,上海地区的最大沉降量已达 2.63 m;20 世纪 70 年代初到 80 年代初 10 年时间内,太原市最大地面沉降已达 1.232 m。地下水位不断降低而引发的地面沉降,越来越成为一个亟待解决的环境岩土工程问题。

(3)海(咸)水入侵

近海地区的潜水或承压水层往往与海水相连,在天然状态下,陆地的地下淡水向海洋排泄,含水层保持较高的水头,淡水与海水保持某种动平衡,因而陆地淡水含水层能阻止海水的入侵。如果大量开采陆地地下淡水,引起大面积地下水位下降,可导致海水向地下水开采层入侵,使淡水水质变坏,并加强水的腐蚀性。

(4)地裂缝的复活与产生

近年来,我国不仅在西安、关中盆地发现地裂缝,而且在山西、河南、江苏、山东等地也发现地裂缝。据分析,地下水位大面积、大幅度下降是发生地裂缝的重要诱因之一。

（5）地下水资源枯竭、水质恶化

盲目开采地下水,当开采量大于补给量时,地下水资源就会逐渐减少,以致枯竭,造成泉水断流,井水枯干,地下水中有害离子量增多,矿化度增高。

（6）对建筑物的影响

当地下水位在基础底面以下压缩层范围内发生变化时,若水位在压缩层范围内下降,将导致岩土的自重应力增加,可能引起地基基础的附加沉降。如果土质不均匀或地下水位突然下降,也可能使建筑物发生变形、破坏。

本 章 小 结

岩土工程以工作内容来分,可分为岩土工程勘察、岩土工程设计、岩土工程施工、岩土工程检测和岩土工程管理等;以工程类型来分,可分为岩土地基工程、岩土边坡工程、岩土洞室工程、岩土支护工程和岩土环境工程等。

我国注册土木工程师(岩土)执业资格考试分两阶段进行:第一阶段是基础考试,目的是测试考生是否基本掌握进入岩土工程实践所必须具备的基础及专业理论知识;第二阶段是专业考试,目的是测试考生是否已具备按照国家法律、法规及技术规范进行岩土工程的勘察、设计和施工的能力和解决实践问题的能力。

基坑类型分为水泥土挡墙、土钉墙、灌注桩桩排、钢板桩、"H"形(或"工"字形)钢桩或钢筋混凝土预制桩桩排、地下连续墙、沉井沉箱、闭合(或非闭合)挡土拱圈。

地下洞室一般是指在岩土体中用人工方法开凿修建的地下空间。洞室支护结构有:①喷锚支护;②锚杆支护;③衬砌。

滑坡是指构成斜坡的岩土体在重力或其他自然因素作用下沿一定的软弱面做整体、缓慢、间歇向下滑动的现象。滑坡整治遵循的主要原则:①以防为主,尽量避开;②对症下药,综合防治;③确保根治,以绝后患。滑坡整治原则还包括:早下决心,及时处理;因地制宜,经济合理;方法简便,安全可靠。

应注意地下水位变化引起的岩土工程问题。

习题

7-1　什么是岩土工程?它包括哪些主要内容?

7-2　基坑工程的支护类型有哪些?

7-3　地下洞室的支护措施有哪些?

7-4　滑坡的诱因有哪些?滑坡防治的原则有哪些?

7-5　地下水位升、降会引起哪些岩土工程问题?

第8章 土力学实验

8.1 密度实验

1. 目的要求

测定黏性土在天然状态下单位体积的质量,以便了解土的疏密程度和干湿状态。

2. 实验方法

一般黏性土,宜采用环刀法;

易破碎、难以切削的土,可采用蜡封法;

对于砂土与砂砾土,可用现场的灌砂法或灌水法。

3. 仪器设备

环刀:内径61.8和79.8 mm,高20 mm。

天平:称量500 g,感量0.1 g。也可用称量200 g,感量0.01 g的天平。

附加设备:切土刀,钢丝锯,凡士林等。

4. 操作步骤

(1)在环刀内壁涂一薄层凡士林,刃口向下放在土样上。

(2)环刀取土:将环刀垂直下压,边压边削,直至土样上端伸出环刀为止。将环刀两端余土削去修平(严禁在土面上反复涂抹),然后擦净环刀外壁。

(3)将取好土样的环刀放在天平上称量,记下环刀与湿土的总质量 m_2,精确至0.1 g。

普通高等教育土木类专业"十四五"系列教材

5. 数据记录与计算

（1）数据记录

记录表格式见表 8-1。

表 8-1　密度实验记录（环刀法）

班级_____　　组别_____　　姓名_____　　日期_____

实验日期	土样编号	环刀号码	环刀+土质量	环刀质量	土质量	环刀容积	密度
			g			cm³	g/cm³
			(1)	(2)	(3)	(4)	(5)
					(1)-(2)		$\frac{(3)}{(4)}$
平行差_____ g/cm³				平均密度 = _____ g/cm³			

（2）计算土的密度

按下式计算：

$$\rho = \frac{m}{V} = \frac{m_2 - m_1}{V} \tag{8-1}$$

式中　m_2——环刀与湿土的总质量，g；

　　　m_1——环刀质量，g；

　　　V——环刀体积，cm³。

要求：密度实验应进行 2 次平行测定，两次测定的差值不得大于 0.02 g/cm³，取两次实验结果的平均值。

8.2　土的含水率实验

土的含水率是土在 105~110 ℃下烘干至恒量时所失去的水的质量和干土质量的百分比值。土在天然状态下的含水率为土的天然含水率。

1. 目的要求

实验目的：测定土的含水率。

2. 实验方法适用范围

烘干法：室内实验的标准方法，一般黏性土都可以采用。

酒精燃烧法：适用于快速简易测定细粒土的含水率。

比重法：适用于砂类土。

3. 仪器设备

烘箱：采用电热烘箱，应能控制温度为 105~110 ℃。

天平:称量 200 g,分度值 0.01 g。

其他:干燥器,称量盒。

4. 实验操作步骤

(1)取代表性试样,黏性土为 15~30 g,砂土、有机质土为 50 g,放入质量为 m_0 的称量盒内,立即盖上盒盖,称湿土加盒总质量 m_1,精确至 0.01 g。

(2)打开盒盖,将试样和盒放入烘箱,在温度 105~110 ℃ 的恒温下烘干。烘干时间与土的类别及取土数量有关。黏性土不得少于 8 h;砂土不得少于 6 h;对含有机质超过 10% 的土,应将温度控制在 65~70 ℃ 的恒温下烘至恒量。

(3)将烘干后的试样和盒取出,盖好盒盖放入干燥器内冷却至室温,称干土加盒质量为 m_2,精确至 0.01 g。

5. 数据记录与计算

(1)本实验记录

记录表格式见表 8-2。

表 8-2 含水率实验记录表

班级 _____   组别 _____   姓名 _____   日期 _____

试样编号	土样说明	盒号	盒质量/g	盒加湿土质量/g	盒加干土质量/g	水的质量/g	干土质量/g	含水率/%	平均含水率/%
			(1)	(2)	(3)	(4)=(2)-(3)	(5)=(3)-(1)	(6)=(4)/(5)	(7)

(2)计算含水量

$$w = \frac{m_w}{m_s} = \frac{m_1 - m_2}{m_2 - m_0} \times 100\% \qquad (8-2)$$

要求:①干土质量计算至 0.1%;

②本实验需进行 2 次平行测定,取其算术平均值,允许平行差值应符合表 8-3 规定。

表 8-3 实验允许平行差值

含水量/%	小于 10	10~40	大于 40
允许平行差值/%	0.5	1.0	2.0

8.3 土的液塑限联合测定仪法实验

1. 目的要求

细粒土由于含水率不同,分别处于流动状态、可塑状态、半固体状态和固体状态。液限是细粒土呈可塑状态的上限含水率,塑限是细粒土呈可塑状态的下限含水率。本实验是测定细粒土的液限和塑限含水率,用作计算土的塑性指标和液性指数,以划分土的工程类别和确定土的状态。

2. 实验方法

采用液塑限联合测定仪法。

3. 仪器设备

液塑限联合测定仪、调土刀、0.5 mm 孔径分析筛、凡士林、纯水、恒温烘箱、天平、铝盒、干燥器、铅丝篮等。

4. 实验步骤

(1)本实验宜采用天然含水率试样,当土样不均匀时,采用风干试样,当试样中含有粒径大于 0.5 mm 的土粒和杂物时,应过 0.5 mm 筛。

(2)当采用天然含水率土样时,取代表性土样 250 g;采用风干试样时,0.5 mm 筛下的代表性土样 200 g,将试样放在橡皮板上用纯水将土样调成均匀膏状,放入调土皿,浸润过夜。

(3)将制备的试样充分调拌均匀,填入试样杯中,填样时不应留有空隙,较干的试样应充分搓揉,密实地填入试样杯中,填满后刮平表面。

(4)将试样杯放在联合测定仪的升降座上,在圆锥上抹一薄层凡士林,接通电源,使电磁铁吸住圆锥。

(5)调节零点,将屏幕上的标尺调在零位,调整升降座、使圆锥尖接触试样表面,指示灯亮时圆锥在自重下沉入试样,经 5 s 后测读圆锥下沉深度(显示在屏幕上),取出试样杯,挖去锥尖入土处可能被凡士林污染的土,取锥体附近的试样不少于 10 g,放入称量盒内,测定含水率。

(6)将全部试样再加水或吹干并调匀,重复本条(3)~(5)款的步骤分别测定第二点、第三点试样的圆锥下沉深度及相应的含水率。液塑限联合测定应不少于三点。(注:圆锥入土深度宜为 3~4 mm、7~9 mm、15~17 mm)

(7)以含水率为横坐标,圆锥入土深度为纵坐标在双对数坐标纸上绘制关系曲线,如图 8-1 所示。三点应在一直线上如图 8-1 中 A 线。当三点不在一直线上时,通过高含水率的点和其余两点连成两条直线,在下沉为 2 mm 处查得相应的两个含水率,当两个含水率的差值小于 2% 时,应以两点含水率的平均值与高含水率的点连一直线如图 8-1 中的 B 线,当两个含水率的差值大于等于 2% 时,应重做实验。

(8)在含水率与圆锥下沉深度的关系图上查得圆锥的下沉深度为 17 mm 所对应的含水率为液限,查得下沉深度为 10 mm 所对应的含水率为 10 mm 液限,查得下沉深度为 2 mm 所对应的含水率为塑限,取值以百分数表示,准确至 0.1%。

(9)塑性指数应按下式计算:

$$I_p = w_L - w_p \tag{8-3}$$

式中　I_p——塑性指数;

　　w_L——液限,%;

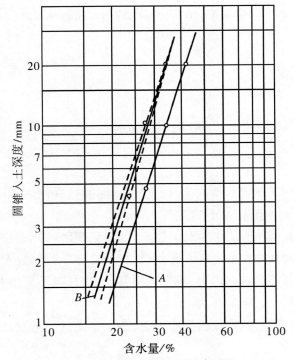

图 8-1 圆锥下沉深度与含水率关系曲线

w_p——塑限,%。

液性指数应按下式计算:

$$I_L = \frac{w - w_p}{I_p} \tag{8-4}$$

式中 I_L——液性指数,计算至 0.01。

5. 数据记录与计算

记录表格式见表 8-4。

表 8-4 液塑限联合实验记录表

班级 _____ 组别 _____ 姓名 _____ 日期 _____

试样编号					
圆锥下沉深度/mm					
盒号					
盒质量/g					
盒+湿土质量/g					
盒+干土质量/g					
湿土质量/g					
干土质量/g					

续表 8-4

水的质量/g					
含水率/%					
平均含水率/%					
液限 w_L/%					
塑限 w_P/%					
塑性指数 I_P					
液性指数 I_L					
土的分类					

8.4　土的压缩实验

1. 目的要求

掌握土的压缩实验基本原理和实验方法,了解实验的仪器设备,熟悉实验的操作步骤,掌握压缩实验成果的整理方法,计算压缩系数、压缩模量,并绘制土的压缩曲线。

2. 实验方法

适用于饱和的黏质土(当只进行压缩实验时,允许用于非饱和土)。

快速固结实验:规定试样在各级压力下的固结时间为 1 h,仅在最后一级压力下,除测记 1 h 的量表读数外,还应测读达压缩稳定时的量表读数。

3. 仪器设备

(1)固结容器:由环刀、护环、透水板、水槽以及加压上盖组成。

①环刀:内径为 61.8 mm 和 79.8 mm,高度为 20 mm,环刀应具有一定的刚度,内壁应保持较高的光洁度,宜涂一薄层硅脂或聚四氟乙烯。

②透水板:氧化铝或不受腐蚀的金属材料制成,其渗透系数应大于试样的渗透系数。用固定式容器时,顶部透水板直径应小于环刀内径 0.2~0.5 mm;用浮环式容器时上下端透水板直径相等,均应小于环刀内径。

(2)加压设备:应能垂直地在瞬间施加各级规定的压力,且没有冲击力。

(3)变形量测设备:量程 10 mm,最小分度值为 0.01 mm 的百分表或准确度为全量程 0.2% 的位移传感器。

4. 实验步骤

(1)根据工程需要,切取原状土试样或制备给定密度与含水量的扰动土样。

(2)在固结容器内放置护环、透水板和薄滤纸,将带有环刀的试样,小心装入护环内,然后在试样上放薄滤纸、透水板和加压盖板,置于加压框架下,对准加压框架的正中,安装量表。

171

（3）施加 1 kPa 的预压压力,使试样与仪器上下各部分之间接触良好,然后调整量表,使指针读数为零。

（4）确定需要施加的各级压力。加压等级一般为 12.5 kPa、25.0 kPa、50.0 kPa、100 kPa、200 kPa、400 kPa、800 kPa、1600 kPa、3200 kPa。第一级压力大小应视土的软硬程度而定,宜为 12.5 kPa、25 kPa 或 50.00 kPa(一般采用 50.00 kPa 为第一级荷载)。

（5）如系饱和试样,则在施加第 1 级压力后,立即向水槽中注水至满。如系非饱和试样,须用湿棉纱围住加压盖板四周,避免水分蒸发。

（6）需要测定沉降速率、固结系数时,施加每一级压力后可按下列时间测记读数:6 s、15 s、1 min、2 min 15 s、4 min、6 min 15 s、9 min、12 min 15 s、16 min、20 min 15 s、25 min、30 min 15 s、36 min、42 min 15 s、49 min、64 min、……、24 h,直至稳定。测记稳定读数后,再施加第 2 级压力。依次逐级加压至实验结束。

（7）实验结束后,迅速拆除仪器部件,取出带环刀的试样。(如系饱和试样,则用干滤纸吸去试样两端表面上的水,取出试样,测定实验后的含水量)

5.计算与制图

（1）按下式计算试样的初始孔隙比 e_0:

$$e_0 = \frac{\rho_w G_s (1+0.01 w_0)}{\rho_0} - 1 \tag{8-5}$$

式中　ρ_0——试样初始密度, g/cm^3;

　　　w_0——试样的初始含水量, %。

（2）按下式计算各级压力下固结稳定后的孔隙比 e_i:

$$e_i = e_0 - (1+e_0) \frac{\Delta h_i}{h_0} \tag{8-6}$$

式中　Δh_i——某级压力下试样高度变化,即总变形量减去仪器变形量,cm;

　　　h_0——试样初始高度,cm。

（3）绘制 e-p 的关系曲线。

以孔隙比 e 为纵坐标,压力 p 为横坐标,将实验成果点在下图中,连成一条光滑曲线。

e-p 曲线绘制区

（4）按下式计算某一级压力范围内的压缩系数 a（MPa^{-1}）：

$$a = \frac{e_1 - e_2}{p_2 - p_1} \qquad (8-7)$$

（5）某一级压力范围内的压缩模量 E_s（MPa）应按下式计算：

$$E_s = \frac{1 + e_0}{a} \qquad (8-8)$$

（6）要求：用压缩系数判断土的压缩性。

6. 本实验记录格式

记录表格式见表 8-5。

表 8-5　固结实验记录表

土样编号：_____　实验方法：_____　日期：_____　小组：_____

土样高度 H_0 _____cm,土粒密度 _____g/cm³,土密度_____g/cm³　含水率_____,实验前孔隙比 $e_0 = \frac{\rho_s(1+w)}{\rho} - 1 =$ _____				
荷载 p/kPa				
测微表初读数（0.01 mm）				
各级荷载历时（min）及测微表读数（0.01 mm）	历时	测微表读数（0.01 mm）	测微表读数（0.01 mm）	测微表读数（0.01 mm）	测微表读数（0.01 mm）
各级增量荷载下土样压缩量 Δh_i（0.01 mm）				
各级荷载下总压缩量 $\sum \Delta h_i$（0.01 mm）				
各级荷载下孔隙比 $e_i = e_0 - \frac{1+e_0}{h_0}\sum \Delta h_i$				

8.5　直接剪切实验

　　直接剪切实验是测定土体强度的一种常用方法。通常是从地基中某个位置取出土样,制成几个试样,用几个不同的垂直压力作用于试样上,然后施加剪切力,测得剪应力与位移的关系曲线,从曲线上找出试样的极限剪应力作为该垂直压力下的抗剪强度。通过几个试样的抗剪强度确定强度包线,求出抗剪强度参数。本实验可测定黏性土和砂性土的抗剪强度参数。直接剪切实验分为快剪、固结快剪、慢剪三种实验方法。

　　(1)快剪实验是在试样施加垂直压力后,立即施加水平剪切力。

　　(2)固结快剪实验是在试样上施加垂直压力,待排水固结稳定后,施加水平剪切力。

　　(3)慢剪实验是在试样上施加垂直压力和水平剪切力的过程中均应使实验排水固结。

　　1. 仪器设备

　　常用的直接剪切仪分为应变控制式和应力控制式两种。应变控制式是控制试样产生一定位移,测定其相应的水平剪应力;应力控制式是对试样产生一定水平剪应力,测定其相应的位移。应变控制式的优点是能较精确地测定剪应力和剪切位移上的峰值和最后值,且操作方便,因此,一般常采用应变控制式直剪仪。

　　应变控制式直剪仪:由剪切盒、垂直加压设备、剪切传动装置、测力计、位移量测系统组成。

　　环刀:内径 61.8 mm,高度 20 mm。

　　位移量测设备:量程为 10 mm,分度值为 0.01 mm 的百分表;或准确度为全量程2%的传感器。

　　2. 实验步骤

　　(1)慢剪实验

　　①原状土试样制备与试样饱和:试样制备与固结实验制样方法基本相同。每组试样不得少于 4 个,当试样需要饱和时,应根据土的性质采取不同饱和方法。砂土可直接在仪器中浸水泡和;较易透水的黏性土采用毛细管饱和法较为方便;不易透水的黏性土采用真空饱和法。

　　②对准剪切容器上下盒,插入固定销,在下盒内放透水板和滤纸,将带有试样的环刀刃口向上,对准剪切盒口,在试样上放滤纸和透水板,将试样小心地推入剪切盒内。

　　注:透水板和滤纸的湿度接近试样的湿度。

　　③移动传动装置:使上盒前端钢珠刚好与测力计接触,依次放上传压板、加压框架、安装垂直位移和水平位移量测装置,并调至零位或测记初读数。

　　④根据工程实际和土的软硬程度施加各级垂直压力,对松软试样垂直压力应分级施

加,以防土样挤出。施加压力后,向盒内注水,当试样为非饱和试样时,应在加压板周围包以湿棉纱。

⑤施加垂直压力后,每 1 h 测读垂直变形一次。直至试样固结变形稳定。变形稳定标准为每小时不大于 0.005 mm。

⑥拔去固定销,以小于 0.02 mm/min 的剪切速度进行剪切,试样每产生剪切位移 0.2~0.4 mm 测记测力计和位移读数,直至测力计读数出现峰值,应继续剪切至剪切位移为 4 mm 时停机,记下破坏值,当剪切过程中测力计读数无峰值时,应剪切至剪切位移为 6 mm 时停机。

⑦剪切结束后,吸去盒内积水,卸去剪力和垂直压力,移动压力框架,取出试样,测定其含水量。

（2）固结快剪实验

①试样制备,安装和固结与慢剪实验步骤相同。本实验方法适用于渗透系数小于 10^{-6} cm/s 的土。

②固结快剪实验的剪切速率为 0.8 mm/min,使试样在几分钟内剪坏,其步骤与慢剪实验相同。

（3）快剪实验

①本实验方法适用于渗透系数小于 10^{-6} cm/s 的土。试样制备、安装与慢剪实验相同,在安装时应以硬塑料薄膜代替滤纸或用不透水板。

②施加垂直压力,拔去固定销钉,立即以 0.8 mm/min 的剪切速率进行剪切,使试样在几分钟内剪坏。

3. 计算与制图

（1）剪应力按下式计算

应变钢环读数差 $\qquad \Delta R(0.01 \text{ mm}) = R - R_0 \qquad\qquad$ (8-9)

剪应力 $\qquad\qquad s(\text{kPa}) = \Delta R \cdot K \cdot 10/A_0 \qquad\qquad$ (8-10)

剪切位移 $\qquad\qquad \Delta L(0.01 \text{ mm}) = 20n - \Delta R \qquad\qquad$ (8-11)

式中　R_0——量力环的初始读数,0.01 mm;

$\qquad n$——手轮转数;

$\qquad A_0$——环刀的横截面面积,cm^2。

(2)实验记录表

记录表格式见表8-6。

表 8-6 实验记录表

仪器编号：

应变钢环号码：

应变钢环系数 $K=$ _____ (N/0.01 mm)：

土样编号：_____ 实验方法：_____ 日期：_____ 小组：_____

垂直压力 σ/kPa												
应变钢环初读数 R_0 /0.01 mm												
手轮转数	应变钢环读数 R /0.01 mm	剪应力 s/kPa	剪切位移 /0.01 mm	应变钢环读数 R /0.01 mm	剪应力 s/kPa	剪切位移 /0.01 mm	应变钢环读数 R /0.01 mm	剪应力 s/kPa	剪切位移 /0.01 mm	应变钢环读数 R /0.01 mm	剪应力 s/kPa	剪切位移 /0.01 mm
1												
2												
3												
4												
5												
6												
7												
8												
9												

续表 8-6

手轮转数	应变钢环读数 R /0.01 mm	剪应力 s/kPa	剪切位移 /0.01 mm	应变钢环读数 R /0.01 mm	剪应力 s/kPa	剪切位移 /0.01 mm	应变钢环读数 R /0.01 mm	剪应力 s/kPa	剪切位移 /0.01 mm	应变钢环读数 R /0.01 mm	剪应力 s/kPa	剪切位移 /0.01 mm
10												
11												
12												
13												
14												
15												
16												
17												
18												
19												
20												
21												
22												
23												
24												
25												
26												
27												
28												
29												
30												

普通高等教育土木类专业"十四五"系列教材

（3）实验报告

①以剪应力为纵坐标,剪切位移为横坐标,绘制剪应力与剪切位移关系曲线,取曲线上剪应力的峰值为抗剪强度,无峰值时,取剪切位移 4 mm 所对应的剪应力为抗剪强度。

剪应力与剪切位移关系绘制区

②以抗剪强度为纵坐标,垂直压力为横坐标,绘制抗剪强度与垂直压力关系曲线,直线的倾角为摩擦角,直线在纵坐标上的截距为黏聚力。

抗剪强度与垂直应力关系曲线绘制区

③确定土的抗剪强度指标 c、φ。

普通高等教育土木类专业"十四五"系列教材

习题参考答案

第 2 章

2-1 (1)小于 2.0 mm 的土粒质量的累计百分含量为 90%；

(2)小于 1.0 mm 的土粒质量的累计百分含量为 80%；

(3)小于 0.5 mm 的土粒质量的累计百分含量为 55%；

(4)小于 0.25 mm 的土粒质量的累计百分含量为 20%；

(5)小于 0.075 mm 的土粒质量的累计百分含量为 10%。

2-2 不均匀系数 C_u=6.43，曲率系数 C_c=1.27，该土是级配良好的土。

2-3 含水率 ω=8.2%；e=0.608；S_r=36.7%；γ=18 kN/m³；γ_{sat}=20.3 kN/m³；γ'=10.5 kN/m³；γ_d=16.6 kN/m³；各种重度大小比较：$\gamma_{sat} > \gamma > \gamma_d > \gamma'$。

2-4 孔隙比 e=0.816、密度 ρ=1.947 g/cm³ 和干密度 ρ_d=1.5 g/cm³。

2-5 (1)土的塑性指数 I_p=22.6；

(2)该土为黏性土；

(3)土的液性指标 I_L=0.487；

(4)该土处于可塑状态。

2-6 甲地的地基土的液性指数 I_L=1.33，乙地的地基土的液性指数 I_L=−0.33。

甲地基土 I_L=1.33>1，土处于流动状态；乙地基土 I_L=−0.33<0，土处于固体坚硬状态；乙地基的地基土较好。

2-7 天然孔隙比 e=0.656，相对密度 D_r=0.595，该砂土处于中密状态。

2-8 该土为中密的粉砂土。

第 3 章

3-1　砂土的孔隙比 $e=\dfrac{\omega_1 \cdot G_s}{S_r}=\dfrac{0.1\times2.65}{0.379}=0.699$

则砂土的重度为 $\gamma=\dfrac{G_s(1+\omega_1)}{1+e}\gamma_w=\dfrac{2.65\times(1+0.1)}{1+0.699}\times10=17.16(\text{kN/m}^3)$

a 点：$z=0$，$\sigma_{cz}=\gamma z=0$

b 点：$z=2$，$\sigma_{cz}=17.16\times2=34.32(\text{kPa})$

c 点：$z=6$，$\sigma_{cz}=\sum\gamma_i h_i=17.16\times2+18.4\times4=107.92(\text{kPa})$

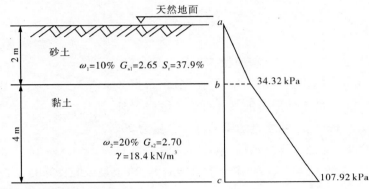

3-2　a 点：$z=0$，$\sigma_{cz}=\gamma z=0$

b 点：$z=1$，$\sigma_{cz}=19\times1=19(\text{kPa})$

c 点：$z=2$，$\sigma_{cz}=\sum\gamma_i h_i=19\times1+(19.8-10)\times1=28.8(\text{kPa})$

$d_上$ 点：$z=4$，$\sigma_{cz}=\sum\gamma_i h_i=19\times1+(19.8-10)\times1+(16.6-10)\times2=42(\text{kPa})$

$d_下$ 点（位于基岩中，不受水的浮力作用，还受到上面的静水压力作用）：

$z=4$，$\sigma_{cz}=\sum\gamma_i h_i+\gamma_w h_w=19\times1+(19.8-10)\times1+(16.6-10)\times2+10\times3=72(\text{kPa})$

3-3　（1）深度为 7.0 m 时：

矩形面积中点下的附加应力，$\alpha_c=0.0479$，故 $\sigma_{z0}=4\alpha_c\cdot p=4\times0.0479\times p=0.19p(\text{kN/m}^2)$

矩形面积角点下的附加应力，$\alpha_c=0.12505$，故 $\sigma_{z0}=\alpha_c\cdot p=0.12505\times p=0.13p(\text{kN/m}^2)$

（2）深度为 14.0 m 时：

矩形面积中点下的附加应力，$\alpha_c=0.01385$，故 $\sigma_{z0}=4\alpha_c\cdot p=4\times0.01385\times p=0.055p(\text{kN/m}^2)$

矩形面积角点下的附加应力，$\alpha_c=0.0479$，故 $\sigma_{z0}=\alpha_c\cdot p=0.0479\times p=0.05p(\text{kN/m}^2)$

3-4　H 点位于矩形的外边缘，求其下的附加应力

过 H 点作矩形 $HGDE$，$HGCI$，$HFAE$ 和 $HFBI$。

$\sigma_z=(\alpha_{HFAE}-\alpha_{HGDE}+\alpha_{HFBI}-\alpha_{HGCI})p$

$=(0.2379-0.1999+0.2034-0.1752)\times150=9.93(\text{kPa})$

H 点下深处为 2 m 处的附加应力 σ_z 为 9.93 kPa。

第 4 章

4-1 1 号土样 $a_{1-2} = 0.16$ MPa^{-1}，压缩模量 $E_s = 12.2$ MPa，土样为中压缩性；

2 号土样 $a_{1-2} = 0.9$ MPa^{-1}，压缩模量 $E_s = 2.2$ MPa，土样为高压缩性。

4-2 沉降量为 16.67 mm。

4-3 沉降量为 18.49 mm。

4-4 沉降量为 61.4 mm。

4-5 压缩量为 34.4 mm。

4-6 $t_1/t_2 = 4$（t_1 为单面排水时间，t_2 为双面排水时间）。

第 5 章

5-1 $c = 15$ kPa，$\varphi = 27.5°$，该面不会发生剪切破坏。

5-2 $\tau_{xz} = 40$ kPa，该点不会发生破坏。

τ_{xz} 增至 60 kPa 时，该点会发生破坏。

5-3 （1）该点最大剪应力是 160 kPa；最大剪应力面上的法向应力为 340 kPa。

（2）此点没有达到极限平衡状态，该点抗剪强度大于剪应力。

（3）小主应力应为 130 kPa。

第 6 章

6-1 （1）$K_a = 0.422$，$E_a = 32.13$ kN/m，合力作用点位置距离底边 0.96 m。

绘图中各值要点：$p_{a0} = -10.4$ kPa，$p_{a1} = 22.4$ kPa，$z_0 = 1.33$ m。

（2）$K_a = 0.422$，$E_a = 60.89$ kN/m，合力作用点位置距离底边 1.32 m。

绘图中各值要点：$p_{a0} = -1.94$ kPa，$p_{a1} = 30.83$ kPa，$z_0 = 0.25$ m。

6-2 绘图中各值要点：

土压力：$p_{a0} = 0$ kPa，$p_{a1} = 12$ kPa，$p_{a2} = 23$ kPa；

水压力：$p_{w2} = 30$ kPa；

总侧压力合力值：$E = E_a + E_w = 64.5 + 45 = 109.5$（kN/m）。

6-3 （1）$\alpha = 10°$ 时，$K_a = 0.44$，$E_a = 70.4$ kN/m，合力作用点位置距离底边 1.33 m；

绘图中各值要点：$p_{a0} = 0$ kPa，$p_{a1} = 35.2$ kPa。

（2）$\alpha = -10°$ 时，$K_a = 0.275$，$E_a = 44$ kN/m，合力作用点位置距离底边 1.33 m；

绘图中各值要点：$p_{a0} = 0$ kPa，$p_{a1} = 22$ kPa。

6-4　$K_{a1} = 0.333, K_{a2} = 0.528,$

$p_{a0} = 3.33 \text{ kPa}, p_{a1\pm} = 20.313 \text{ kPa}, p_{a1\mp} = 14.76 \text{ kPa}, p_{a2} = 44.06 \text{ kPa},$

$E_a = 123.72 \text{ kN/m}。$

6-5　$K_s = 1.36 > 1.3, K_t = 1.73 > 1.6,$该挡土墙是稳定的。

第 7 章

7-1　土木工程中涉及岩石、土、地下、水中的部分称岩土工程。它主要包括：①城市地下空间与地下工程；②边坡与基坑工程；③地基与基础工程。

7-2　放坡开挖；水泥土挡墙；土钉墙；灌注桩桩排；钢板桩；地下连续墙；沉井沉箱；闭合（或非闭合）挡土拱圈。

7-3　支护措施有 3 种：①喷锚支护；②锚杆支护；③衬砌。

7-4　地层岩性；坡体结构；斜坡边界条件；地下水；地震；开挖卸载等。

防治原则：

①以防为主，尽量避开。对于重要工程建设项目，应尽量避开。

②对症下药，综合防治。

③保证根治，以绝后患。

滑坡整治原则还包括：早下决心，及时处理；因地制宜，经济合理；方法简便，安全可靠。

7-5　①浅基础地基承载力降低；②砂土地震液化加剧；③建筑物震陷加剧；④土壤沼泽化、盐渍化；⑤岩土体产生变形、滑移、崩塌失稳等不良地质现象；⑥冻胀作用的影响；⑦对建筑物的影响；⑧对湿陷性黄土、崩解性岩土、盐渍岩土的影响；⑨膨胀性岩土产生胀缩变形。

参考文献

[1]中国建筑科学研究院.建筑地基基础设计规范:GB 50007—2011[S].北京:中国建筑工业出版社,2011.

[2]中华人民共和国国家标准.岩土工程勘察规范(2009版):GB 50021—2001[S].北京:中国建筑工业出版社,2009.

[3]中华人民共和国国家标准.建筑地基基础工程施工质量验收规范:GB 50202—2018[S].北京:中国计划出版社,2018.

[4]中华人民共和国水利部.土工试验方法标准:GB/T 50123—2019[S].北京:中国计划出版社,2019.

[5]中国建筑科学研究院.混凝土结构设计规范(2015版):GB 50010—2010[S].北京:中国建筑工业出版社,2015.

[6]重庆市设计院.建筑边坡工程技术规范:GB 50330—2013[S].北京:中国建筑工业出版社,2013.

[7]建设部综合勘察研究设计院.岩土工程勘察规范:GB 50021—2001[S].北京:中国建筑工业出版社,2002.

[8]中国建筑科学研究院.建筑地基处理技术规范:JGJ 79—2012[S].北京:中国建筑工业出版社,2013.

[9]中国建筑科学研究院.建筑桩基础技术规范:JGJ 94—2018[S].北京:中国建筑工业出版社,2019.

[10]中国建筑科学研究院.建筑基桩检测技术规范:JGJ 106—2014[S].北京:中国建筑工业出版社,2014.

[11]赵明华.土力学与基础工程[M].4版.武汉:武汉理工大学出版社,2014.

[12]丁梧秀.地基与基础[M].郑州:郑州大学出版社,2011.

[13]肖昭然.土力学[M].郑州:郑州大学出版社,2007.

[14]工程地质手册编委会.工程地质手册[M].5版.北京:中国建筑工业出版社,2018.

[15]陈书申,陈晓平.土力学与地基基础[M].5版.武汉:武汉理工大学出版社,2015.

[16]高金川,杜广印.岩土工程勘察与评价[M].武汉:中国地质大学出版社,2003.

[17]王杰.土力学与基础工程[M].北京:中国建筑工业出版社,2003.

[18]董建国,沈锡英,钟才根.土力学与地基基础[M].上海:同济大学出版社,2005.

[19]刘晓立.土力学与地基基础[M].3版.北京:科学出版社,2005.

[20]陈希哲.土力学地基基础[M].5版.北京:清华大学出版社,2013.

[21]顾晓鲁,钱鸿缙,刘惠珊,等.地基与基础[M].3版.北京:中国建筑工业出版社,2003.

[22]王钊.基础工程原理[M].武汉:武汉大学出版社,2001.

[23]赵明华,李刚,曹喜仁,等.土力学地基与基础疑难释义[M].2版.北京:中国建筑工业出版社,2003.

[24]孙维东.土力学与地基基础[M].北京:机械工业出版社,2011.

[25]何世玲.地基与基础工程[M].武汉:武汉理工大学出版社,2008.

[26]周汉荣,赵明华.土力学地基与基础[M].北京:中国建筑工业出版社,1997.

[27]周景星,王洪瑾,虞石民,等.基础工程[M].北京:清华大学出版社,1996.

[28]刘兴录.注册岩土工程师执业资格考试300问[M].北京:中国环境科学出版社,2004.

[29]钱家欢,殷宗泽.土工原理与计算[M].北京:中国水利水电出版社,1996.

[30]钱家欢.土力学[M].2版.南京:河海大学出版社,2001.

[31]中国土木工程学会.注册岩土工程师专业考试复习教程[M].2版.北京:中国建筑工业出版社,2017.

[32]陈兰云.土力学及地基基础[M].3版.北京:机械工业出版社,2015.

[33]高大钊.土力学与基础工程[M].北京:中国建筑工业出版社,2004.

[34]张力霆.简明土力学与地基基础[M].北京:高等教育出版社,2017.

[35]吴湘兴.土力学地基与基础[M].武汉:武汉大学出版社,1995.

[36]洪毓康.土质学与土力学[M].2版.北京:人民交通出版社,2002.

[37]杨进良.土力学[M].4版.北京.中国水利水电出版社,2009.

[38]孟祥波.土质学与土力学[M].2版.北京:人民交通出版社,2012.

[39]周健,刘文白,贾敏才.环境岩土工程[M].北京:人民交通大学出版社,2004.

[40]缪林昌,刘松玉.环境岩土工程学概论[M].北京:中国建材工业出版社,2005.

[41]方云,林彤,谭松林.土力学[M].武汉:中国地质大学出版社,2003.

[42]关宝树,杨其新.地下工程概论[M].成都:西南交通大学出版社,2003.

[43]汤康民.岩土工程[M].武汉:武汉工业大学出版社,2001.

附录 注册土木工程师(岩土)执业资格考试与管理

一、注册土木工程师(岩土)执业资格考试报考条件

注册土木工程师(岩土)资格考试分为基础考试和专业考试。参加基础考试合格并按规定完成职业实践年限者,方能报名参加专业考试。

(一)具备以下条件之一者,可申请参加基础考试

(1)取得(指勘查技术与工程、土木工程、水利水电工程、港口航道与海岸工程专业,下同)或相近专业(指地质勘探、环境工程、工程力学专业,下同)大学本科及以上学历或学位。

(2)取得本专业或相近专业大学专科学历,从事岩土工程专业工作满 1 年。

(3)取得其他工科专业大学本科及以上学历或学位,从事岩土工程专业工作满 1 年。

(二)基础考试合格,并具备以下条件之一者,可申请参加专业考试

(1)取得本专业博士学位,累计从事岩土工程专业工作满 2 年;或取得相近专业博士学位,累计从事岩土工程专业工作满 3 年。

(2)取得本专业硕士学位,累计从事岩土工程专业工作满 3 年;或取得相近专业硕士学位,累计从事岩土工程专业工作满 4 年。

(3)取得本专业双学士学位或研究生班毕业,累计从事岩土工程专业工作满 4 年;或取得相近专业双学士学位或研究生班毕业,累计从事岩土工程专业工作满 5 年。

(4)取得本专业大学本科学历,累计从事岩土工程专业工作满 5 年;或取得相近专业大学本科学历,累计从事岩土工程专业工作满 6 年。

(5)取得本专业大学专科学历,累计从事岩土工程专业工作满 6 年;或取得相近专业大学专科学历,累计从事岩土工程专业工作满 7 年。

(6)取得其他工科专业大学本科及以上学历或学位,累计从事岩土工程专业工作满 8 年。

(三)符合下列条件之一者,可免基础考试,只需参加专业考试

(1)1991 年及以前,取得本专业硕士及以上学位,累计从事岩土工程专业工作满 6

185

年;或取得相近专业硕士及以上学位,累计从事岩土工程专业工作满 7 年。

(2)1991 年及以前,取得本专业双学士学位或研究生班毕业,累计从事岩土工程专业工作满 7 年;或取得相近专业双学士学位或研究生班毕业,累计从事岩土工程专业工作满 8 年。

(3)1989 年及以前,取得本专业大学本科学历,累计从事岩土工程专业工作满 8 年;或取得相近专业大学本科学历,累计从事岩土工程专业工作满 9 年。

(4)1987 年及以前,取得本专业大学专科学历,累计从事岩土工程专业工作满 9 年;或取得相近专业大学专科学历,累计从事岩土工程专业工作满 10 年。

(5)1985 年及以前,取得其他工科专业大学本科及以上学历或学位,累计从事岩土工程专业工作满 12 年。

(6)1982 年及以前,取得其他工科专业大学专科及以上学历,累计从事岩土工程专业工作满 9 年。

(7)1977 年及以前,取得本专业中专学历或 1972 年及以前取得相近专业中专学历,累计从事岩土工程专业工作满 10 年。

二、考试内容、时间与分值

我国注册土木工程师(岩土)资格考试分两阶段进行:第一阶段是基础考试,在考生毕业后按相应规定的年限进行,其目的是测试考生是否基本掌握进入岩土工程实践所必须具备的基础与专业理论知识;第二阶段是专业考试,在考生通过基础考试,并在岩土工程工作岗位实践了规定年限的基础上进行 ,其目的是测试考生是否已具备按照国家法律、法规及技术规范进行岩土工程的勘察、设计和施工的能力和解决实践问题的能力。

(一)基础考试

基础考试为闭卷考试,上午段主要测试考生对基础科学的掌握程度,考试学科分两大类:

(1)公共基础包含模块内容:数学、物理、化学、理论力学、材料力学、流体力学、计算机应用基础、电气与信息、法律法规、工程经济。

(2)专业基础包含模块内容:土木工程材料、工程测量、土木工程施工与管理、结构力学、结构设计、土力学与地基基础、工程地质、岩土力学与岩体工程。

上午段考试 120 题,每题 1 分,共 120 分。下午段考试 60 道题 ,每题 2 分,共 120 分。

(二)专业考试

注册土木工程师(岩土)专业考试为非滚动管理考试,且为开卷考试,考试时允许考生携带正规出版社出版的各种专业规范和参考书进入考场。

专业考试分为两天进行。第一天为专业知识考试,上下午均为 3 小时,由 40 道单选题和 30 道多选题构成,单选题每题 1 分,多选题每题 2 分,试卷满分为 200 分,均为客观题,在答题卡上涂答案选项,不必写过程;第二天考试为专业案例考试,上下午也均为 3 小时,均由 25 道计算题组成,每题 2 分,试卷满分 100 分,采取主、客观相结合的考试方法,即要求考生在填涂答题卡的同时,在专用答题卡上写出计算过程,答题卡每一页都需要写准考证号,同时满足专业知识机读 120 分以上和专业案例机读 60 分以上进入人工案例复评,案例复评达到 60 分为合格。

专业考试主要分为:岩土工程勘察、浅基础、深基础、地基处理、边坡与土工防护、基坑与地下工程、特殊土及不良地质作用、地震工程、岩土工程检测 9 个大类考点。

三、执业范围

注册土木工程师(岩土)可在下列范围内开展执业工作:

(1)岩土工程勘察。与各类建设工程项目相关的岩土工程勘察、工程地质勘察、工程水文地质勘察、环境岩土工程勘察、固体废物堆填勘察、地质灾害与防治勘察、地震工程勘察。

(2)岩土工程设计。与各类建设工程项目相关的地基基础设计、岩土加固与改良设计、边坡与支护工程设计、开挖与填方工程设计、地质灾害防治设计、地下水控制设计(包括施工降水、隔水、回灌设计及工程抗浮措施设计等)、土工结构设计、环境岩土工程设计、地下空间开发岩土工程设计以及与岩土工程、环境岩土工程相关其他技术设计。

(3)岩土工程检验、监测的分析与评价。与各类建设工程项目相关的地基基础工程、岩土加固与改良工程、边坡与支护工程、开挖与填方工程、地质灾害防治工程、土工构筑物工程、环境岩土工程以及地下空间开发工程的施工、使用阶段相关岩土工程质量检验及工程性状监测;地下水水位、水压力、水质、水量等的监测;建设工程对建设场地周边相邻建筑物、构筑物、道路、基础设施、边坡等的环境影响监测;其他岩土工程治理质量检验与工程性状监测。

(4)岩土工程咨询。上述各类岩土工程勘察、设计、检验、监测等方面的相关咨询;岩土工程、环境岩土工程专项研究、论证和优化;施工图文件审查;岩土工程、环境岩土工程项目管理咨询;岩土工程、环境岩土工程风险管理咨询;岩土工程质量安全事故分析;岩土工程、环境岩土工程项目招标文件编制与审查;岩土工程、环境岩土工程项目投标文件审查。

(5)住房和城乡建设主管部门对岩土工程专业规定的其他业务。

四、执业管理

(1)注册土木工程师(岩土)必须受聘并注册于一个建设工程勘察、设计、检测、施工、监理、施工图审查、招标代理、造价咨询等单位方能执业。未取得注册证书和执业印章的人员,不得以注册土木工程师(岩土)的名义从事岩土工程及相关业务活动。

(2)注册土木工程师(岩土)可在规定的执业范围内,以注册土木工程师(岩土)的名义在全国范围内从事相关执业活动。

187

注册土木工程师(岩土)执业范围不得超越其聘用单位的业务范围,当与其聘用单位的业务范围不符时,个人执业范围应服从聘用单位的业务范围。

(3)注册土木工程师(岩土)执业制度不实行代审、代签制度。在规定的执业范围内,甲、乙级岩土工程的项目负责人须由本单位聘用的注册土木工程师(岩土)承担。

(4)注册土木工程师(岩土)应在规定的技术文件上签字并加盖执业印章(以下统称"签章")。凡未经注册土木工程师(岩土)签章的技术文件,不得作为岩土工程项目实施的依据。

(5)注册土木工程师(岩土)执业签章的有关技术文件按照"注册土木工程师(岩土)签章文件目录(试行)"的要求执行。省级住房和城乡建设主管部门可根据本地实际情况,制定注册土木工程师(岩土)签章文件补充目录。

(6)勘察设计单位内部质量管理可继续采用国家推行和单位现行的质量管理体系,实行法人负责的技术管理责任制。注册土木工程师(岩土)承担《勘察设计注册工程师管理规定》规定的责任与义务,对其签章技术文件的技术质量负责。

(7)注册土木工程师(岩土)在执业过程中,应及时、独立地在规定的岩土工程技术文件上签章,有权拒绝在不合格或有弄虚作假内容的技术文件上签章。聘用单位不得强迫注册土木工程师(岩土)在工程技术文件上签章。

(8)注册证书和执业印章是注册土木工程师(岩土)的执业凭证,由注册土木工程师(岩土)本人保管和使用,其聘用单位不得以任何名义代为保管。

(9)注册土木工程师(岩土)在注册有效期内完成的主要项目须填写《注册土木工程师(岩土)执业登记表》,在申请延续注册时报省级住房和城乡建设主管部门。

(10)注册土木工程师(岩土)在注册有效期内调离聘用单位,应按照相关规定办理变更注册后方可执业。

(11)注册土木工程师(岩土)注册年龄一般不得超过 70 岁。对超过 70 岁的注册土木工程师(岩土),注册部门原则上不再办理延续注册手续。个别年龄达到 70 岁,但身体状况良好、能完全胜任工作的注册土木工程师(岩土),由本人自愿提出申请,经省级住房和城乡建设主管部门批准,可以继续受聘执业。

(12)注册土木工程师(岩土)办理退休手续后,可受聘于一个单位继续执业。受聘于原单位的,原执业印章继续有效;受聘于其他单位的,须提供退休证明和同新聘用单位签订的聘用合同,并办理变更注册后方可执业。

(13)县级以上住房和城乡建设主管部门负责对本行政区域内注册土木工程师(岩土)的执业活动进行监督检查,并依据国家有关法律、法规和《勘察设计注册工程师管理规定》对违法违规行为进行处罚。

(14)执业管理其他有关规定按照《勘察设计注册工程师管理规定》执行。